Vögel der Gehölze und Hecken

Detlef Singer

Vögel in Wald, Park und Garten

KOSMOS

Zu diesem Buch

Der vorliegende Naturführer stellt alle wichtigen Vogelarten vor, die in Wäldern und im Siedlungsbereich als Brut- oder Gastvögel regelmäßig in Mitteleuropa auftreten – in einem Gebiet also, das außer Deutschland die Beneluxländer, die Schweiz, Österreich, Ungarn, Tschechien, die Slowakei und Polen umfasst. Die Reihenfolge, in der die einzelnen Arten beschrieben und abgebildet sind, richtet sich weitgehend nach der jetzt gültigen systematischen Ordnung. Die Systematik befasst sich mit der Vielfalt der Tiere und Pflanzen und der Darstellung ihrer verwandtschaftlichen Beziehungen untereinander.
Die Farbfotos im Naturführer sind bis auf wenige Ausnahmen in freier Natur entstanden und zeigen den Vogel in seiner arttypischen Umgebung. In der Regel ist das Männchen im Prachtkleid abgebildet, handelt es sich um das Weibchen- oder ein anderes Kleid, so wird dies im Text angegeben.
Zusätzliche Farbfotos ergänzen dort die Fotos, wo unterschiedliche Kleider (Weibchen-, Schlicht-, Jugendkleid) oder typische Haltungen im Flug und beim Gesangsvortrag das Bestimmen eines unbekannten Vogels erleichtert.

Die in Mitteleuropa vorkommenden Vogelarten sind der Übersichtlichkeit halber in 5 farblich markierte Großgruppen unterteilt:

- Entenvögel, Hühnervögel, Taucher und Schreitvögel
- Greifvögel und Falken
- Rallen und Watvögel
- Tauben, Kuckucke, Segler, Eulen und Spechte
- Singvögel

Zeichen und Abkürzungen

Status: Die Jahreszeit, in der man die einzelnen Arten in Mitteleuropa antreffen kann:

J Jahresvogel: Vogelart, deren Angehörige kein Zugverhalten zeigen und daher das ganze Jahr über im Brutgebiet anzutreffen sind. Während einige Jahresvögel das ganze Jahr innerhalb der engen Grenzen ihres Reviers verbringen (z. B. Kleiber), streifen andere (z. B. viele Meisen) in der weiteren Umgebung umher.

S Sommervogel: Vogelart, die Zugverhalten zeigt und meist nur in den Frühjahrs- und Sommermonaten anzutreffen ist.

Ü Übersommerer: Vogelart, die im Sommerhalbjahr beobachtet werden kann, aber nicht im behandelten Gebiet brütet.

W Wintergast, brütet nicht in Mitteleuropa.

(W) Seltener Wintergast

D Durchzügler: Diese Vogelart ist vorwiegend oder ausschließlich zu den Zugzeiten anzutreffen.

(D) Seltener Durchzügler

T Teilzieher: Ein Teil der Individuen dieser Vogelart zieht im Herbst in ein Winterquartier ab, während der andere Teil im Brutgebiet überwintert. Angehörige dieser Arten kann man das ganze Jahr über in Mitteleuropa antreffen, im Winter jedoch oft nur in sehr geringer Zahl (durch „(W)“ gekennzeichnet).

I–XII Die römischen Ziffern beziehen sich auf die Monate, in denen die Vogelart in Mitteleuropa angetroffen werden kann.

♂ Männchen

♀ Weibchen

ad.	adult (erwachsen)
juv.	juvenil (jung)
>	größer als
<	kleiner als
~	ungefähr so groß wie
bei uns:	bezieht sich immer auf die Verhältnisse in Deutschland
O	brütet nicht in Deutschland

Die Texte

Die Artentexte enthalten alle wichtigen Angaben zum Bestimmen und Kennenlernen der verschiedenen Vogelarten in übersichtlicher und leicht verständlicher Form.
Das Stichwort **Typisch** informiert über Kennzeichen oder Verhaltensweisen, die im Freiland besonders schnell auffallen und die betreffende Vogelart am besten charakterisieren.
Unter **Merkmale** sind in Ergänzung zu den Farbfotos die wichtigsten Kennzeichen behandelt, die Männchen, Weibchen und Junge jeder Vogelart auszeichnen; gegebenenfalls wird auf das je nach Alter, Jahreszeit, Geschlecht und Farbvariante unterschiedliche Gefieder hingewiesen.
Die wichtigsten Lautäußerung der Vogelart, also die Gesänge und Rufe und wie sie je nach Geschlecht und Jahreszeit abändern, sind unter dem Stichwort **Stimme** zu finden.
Unter **Vorkommen** sind die typischen Lebensräumen angegeben, in denen die Vogelart zur Brutzeit und in der übrigen Zeit des Jahres anzutreffen ist.
Unter **Verhalten** findet man die im Freiland beobachtbaren und für die Artbestimmung relevanten Verhaltensweisen beschrieben; das Stichwort kann auch fehlen; Angaben zum Verhalten können sich auch in anderen Stichwörtern verbergen.
Das Stichwort **Nahrung** informiert über die arttypische Nahrung des Vogels – gegebenenfalls nach Jahreszeiten differenziert.
Der Begriff **Brut** geht auf Wissenswertes über Brutzeit, Brutlebensraum, Nest und Nestbau, Gelege und Jungvögel sowie Anzahl der Jahresbruten ein; bei Arten, die nicht in Mitteleuropa brüten, können diese Angaben auch fehlen.

Die Infoleiste

In der farbig unterlegten Infoleiste am Schluss der Artbeschreibungen finden Sie auf einen Blick die ungefähre Größe des Vogels (im Vergleich mit einer bekannten Art), den Status (Jahresvogel, Wintergast, Teilzieher usw.), den Zeitraum des Aufenthaltes in Mitteleuropa (Monatsangaben in römischen Ziffern) sowie ein Symbol zu den Arten, die nicht in Deutschland brüten. Bei den Größenangaben wurde bewusst auf genaue Maße in Zentimetern verzichtet, da man sich z. B. unter 14 cm Vogel – von der Schnabelspitze bis zum Schwanzende gemessen – meistens nicht allzu viel vorstellen kann. Um sich die Größe eines Vogels vorstellen zu können, kommt es vor allem auf die Gestalt an; gleich groß in cm (14) sind beispielsweise Schwanzmeise und Kleiber; der kräftige, gedrungene Kleiber bringt jedoch fast das Dreifache der langschwänzigen und sehr grazilen Schwanzmeise auf die Waage. Statt der cm-Angaben ist zu jeder der beschriebenen Vogelarten das Größenverhältnis zu einer bekannten Art angegeben; Sie können also den unbekannten Vogel mit dieser „Bezugsart" vergleichen und erleichtern sich so die Größenabschätzung. Die Größen der Bezugsarten werden als bekannt vorausgesetzt, so stehen bei diesen Arten keine Maße; am entsprechenden Platz in der Infoleiste steht statt dessen „Bezugsart". Hier die ungefähren Maße der Bezugsarten (siehe auch Nachsatz):

Haussperling	15 cm/30 g
Amsel	25 cm/90 g
Haustaube	33 cm/300 g
Lachmöwe	36 cm/250 g
Rabenkrähe	47 cm/500 g
Mäusebussard	55 cm/800 g
Stockente	58 cm/1200 g

Vogeltopographie

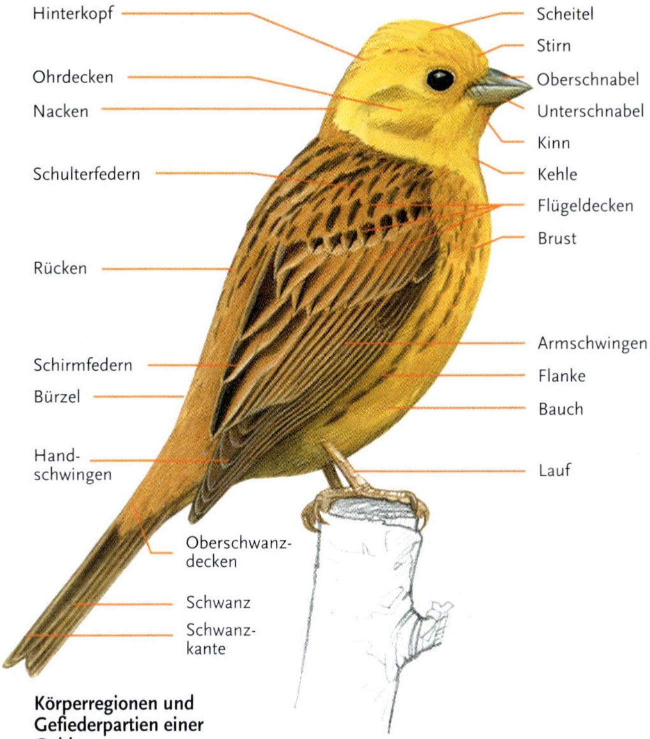

Körperregionen und Gefiederpartien einer Goldammer

Kopfzeichnung eines Sommergoldhähnchens

Wie bestimmt man Vögel

Häufig ist die Artbestimmung freilebender Vögel nicht einfach, da man nicht nah genug an sein Beobachtungsobjekt heran kommt; der Vogel ist ständig in Bewegung und meist von der Vegetation verdeckt. Hat man sich endlich nah genug herangepirscht, fliegt er weg und läßt den Betrachter oft ratlos zurück. In der kurzen Zeit, in der man den Vogel sieht, muß man sich möglichst viele Details über Aussehen und Verhalten des Vogels einprägen. Dabei achte man besonders auf

Größe und Gestalt des Vogels (im Flug: Flügelform und -länge)
Größe und Form des Schnabels
Länge und Form des Schwanzes
Länge der Beine
Auffällige Gefiederkontraste und -färbungen, z. B. Augenstreifen oder Flügelbinden
Besondere Bewegungen und Verhaltensweisen (im Flug: Flügelschlagfrequenz, Flugbahn)
Lautäußerungen
Lebensraum
Jahreszeit der Beobachtung

Die Gewichtung der einzelnen „Feldkennzeichen" kann sehr verschieden sein: so erkennt man Kuckuck und Zilpzalp vorwiegend an ihren Reviergesängen, Eisvogel und Stieglitz oft an ihrer Farbenpracht oder die Schwanzmeise an ihrer Gestalt (kleiner, zarter Vogel mit sehr langem Schwanz). Sind diese typischen Merkmale jedoch nicht wahrzunehmen, so können andere Kennzeichen an Bedeutung gewinnen und zum Ziel der richtigen Artbestimmung führen. Häufig hilft nur eine Kombination aus mehreren Merkmalen weiter. Doch selbst Menschen mit jahrelanger Erfahrung und gediegenen Kenntnissen in der Feldbestimmung, die vielfach auch als „birder" bezeichnet werden, haben nicht immer sofort eine Antwort parat, wenn ihnen ein unbekannter Vogel begegnet.
So muss man sich damit abfinden, dass mancher Vogel trotz intensiver Bemühungen unbestimmt bleibt.

Die Stimmen der Vögel

Bei vielen Vögeln findet Kommunikation untereinander und mit anderen Arten hauptsächlich mit Hilfe von Lautäußerungen statt; besonders die Singvögel haben ein sehr reichhaltiges Repertoire an Stimmen entwickelt. Da die Lautäußerungen meist artspezifisch sind, also jeweils nur von den Mitgliedern einer Art geäußert werden, eignen sie sich sehr gut als Hilfsmittel für die Artbestimmung. Ohne die Kenntnis ihrer Stimmen würden wir von der Anwesenheit vieler Vögel gar nichts merken, denn sie halten sich häufig in Gebüsch oder dichten Baumkronen auf, wo wir sie nur mit den Augen kaum entdecken können.
Es gibt nah verwandte Arten, die einander so ähnlich sind, dass man sie nach äußeren Merkmalen im Feld nur selten voneinander unterscheiden kann. Glücklicherweise sind die Stimmen dieser „Zwillingsarten" meist deutlich verschieden, dass wir sie anhand ihrer Rufe und Gesänge oft eindeutig der einen oder der anderen Art zuordnen können.
Die genaue Kenntnis der Stimmen macht es dem Vogelkundigen nicht nur möglich, die Zusammensetzung der Vogelarten eines Gebietes anzugeben, sondern erlaubt auch Schätzungen zur Bestandsdichte der einzelnen Arten und zur Situation, in der sich ein Vogel gerade befindet: Beispielsweise verrät heftiges Gezeter die Anwesenheit einer Katze oder eines Wiesels (Bodenfeind), ein hohes, gedehntes „zieh" bedeutet, dass die Gefahr diesmal aus der Luft droht (z.B. ein Sperber).

Rufe und Gesänge

Entsprechend ihrer Funktion unterteilt man die Lautäußerungen der Vögel in Rufe und Gesänge. Rufe sind in der Regel kurze Laute, die nicht gelernt werden müssen, sondern zum angeborenen „Stimminventar" gehören. Meist hört man die Rufe das ganze Jahr über.

Je nach Funktion lassen sich Lockrufe, Stimmfühlungsrufe, Warnrufe, Drohrufe oder auch Bettelrufe unterscheiden. Im Gegensatz zu den Rufen ist der Gesang auf bestimmte Jahreszeiten beschränkt. Die Männchen der meisten Singvögel singen im Frühjahr, bei einigen Arten gibt es auch einen ausgeprägten Herbstgesang. Der Gesang ist in der Regel komplizierter aufgebaut als die Rufe; er setzt sich aus Untereinheiten (Elementen bzw. Silben) zusammen, die größere Einheiten (Strophen) aufbauen oder ohne strophige Gliederung kontinuierlich „dahinplätschern".
Die meisten Gesänge unserer Singvögel sind in Strophen unterteilt; es gibt Vogelarten mit nur einem Strophentyp, der ständig wiederholt wird, andere wie der Buchfink wechseln jeweils nach einer mehr oder weniger großen Anzahl von Strophen zu einem anderen Strophentyp, den sie wiederum eine Zeit lang vortragen; einige Meistersänger beherrschen sehr viele verschiedene Strophen, beispielsweise die Nachtigall mit über 200; die Heidelerche kommt auf „nur" etwa 100 Strophen, die allerdings in einer festgelegten Reihenfolge vorgetragen werden.
Die Funktion des Gesangs ist vor allem die akustische Abgrenzung und Verteidigung des Brutreviers; umherstreifende Männchen sollen durch den Gesang davon abgehalten werden, sich in bereits besetzten „Grundstücken" niederzulassen. Ist der Revierinhaber noch ledig, so dient sein Gesang auch dem Anlocken eines Weibchens. Bei Trauerschnäppern beispielsweise konzentriert sich die Gesangsaktivität vor allem auf die Weibchen; nach erfolgreicher Verpaarung stellt das Männchen seinen Gesang ein. Da die Männchen vieler Vogelarten auch nach der Verpaarung noch weiterhin singen, liegt es nahe, dass der Gesang auch eine Rolle bei der Synchronisation des Paares während der Balz spielt. Eine weitere Funktion des Gesangs, die des Paarzusammenhalts, wurde nur bei wenigen Singvögeln gefunden: Bei den Tannenmeisen singen Männchen und Weibchen das ganze Jahr über, um den Partner nicht aus den Augen zu verlieren.

Singen nur die Männchen?

Wenn man einen weittragenden Gesang hört, stammt er in der Regel von einem Männchen. Die Gesangsaktivität der Vögel wird von den Keimdrüsen gesteuert; sie kann im Experiment durch die Gabe von männlichen Hormonen ausgelöst werden, auch bei Weibchen. Im Frühjahr und teilweise Sommer singen die Vögel im Zusammenhang mit der Revierbehauptung. Frühjahrsgesang hat zwei Ziele: Revierverteidigung gegenüber fremden Vögeln des gleichen Geschlechts und Darstellung der eigenen Qualität gegenüber Vögeln des anderen Geschlechts, um dadurch zu einem Partner für die Brut und Jungenaufzucht zu kommen. Bei den meisten unserer Vögel versuchen die Männchen, ein Revier zu behaupten und einen Partner für sich zu gewinnen. Folglich sind es auch die Männchen, die den Frühjahrsgesang vortragen. Wenn man draußen in der Natur singende Vögel beobachtet, beispielsweise Buchfinken oder Amseln, sieht man meist, dass diese das Männchenkleid tragen. Die wenigen Male, bei denen man einen Vogel im Weibchenkleid singen sieht, handelt es sich meist um junge Männchen, die sich im Gefieder kaum von Weibchen unterscheiden, beispielsweise bei Zwergschnäpper und Karmingimpel.
Bei einigen Singvogelarten wie dem Rotkehlchen bringen auch die Weibchen einen Vollgesang hervor, wenn auch weniger häufig als ihre männlichen Artgenossen. Beim Gimpel singen die Weibchen nur verhalten; allerdings klingt selbst der Frühjahrsgesang der Männchen schon recht gedämpft und erinnert eher an die Darbietung eines übenden Jungvogels.
Während der Brutzeit und der Mauser singen die Weibchen mancher Arten leise vor sich hin, beispielsweise beim Zaunkönig. Die Funktion dieser unauffälligen Gesangsform ist nicht immer klar, möglicherweise enthält dieser Weibchengesang ähnlich einem entsprechenden Lockruf Informationen für die Jungen. Eine Form des weiblichen Gesangs dient dem Paarzusammenhalt, sie wurde nur bei wenigen Singvögeln gefunden, z. B. bei der bereits erwähnten Tannenmeise.

Vogelstimmen erlernen

In den meisten Fällen ist es recht schwierig, einem anderen eine Vogelstimme, die er nicht kennt, so zu erklären, dass er sich die unbekannte Lautäußerung vorstellen kann. Leider gibt es bisher noch keine Methode, die oft komplizierten Rufe und Gesänge der Vögel eindeutig, leicht verständlich und dazu noch wissenschaftlich exakt darzustellen. Ein weiteres Problem ist die große Vielfalt der Vogelstimmen, die am Anfang Verwirrung stiftet und die man nur durch ständiges Üben in den Griff bekommt. Jedoch können die allermeisten Vogelbeobachter wenigstens die Stimmen unserer wichtigsten heimischen Sänger mit etwas Ausdauer erlernen.

Zunächst sollte man sich die Stimmen der überall häufigen Vogelarten vornehmen und am besten im zeitigen Frühjahr damit beginnen, denn dann sind die vielen Zugvögel noch nicht zurückgekehrt, die mit ihren unterschiedlichen Gesängen den Anfänger verwirren können. Außerdem lassen sich die Sänger vor dem Laubaustrieb deutlich besser orten.

Wenn man bereits einige Rufe und Gesänge der wichtigsten Vogelarten „gespeichert" hat, ist es ratsam, eine unbekannte Vogelstimme mit der einer bekannten Art zu vergleichen; außerdem sollte man versuchen, den Klangeindruck durch Worte wiederzugeben, z.B. monoton, melancholisch, flötend, orgelnd, kratzend usw. Weiterhin ist es wichtig festzustellen, ob die Lautäußerung eintönig oder abwechslungsreich ist, ob sie kontinuierlich abläuft oder in erkennbare Abschnitte unterteilt ist, und ob Teile daraus wiederholt werden oder ob sie aus der ständigen Wiederholung einer kurzen Einheit besteht.

Wichtig ist, den singenden Vogel zu Gesicht zu bekommen, denn dem Menschen als Augenwesen prägt sich der kombinierte optische und akustische Eindruck naturgemäß besonders gut ein. Das Angebot von vogelkundlichen Wanderungen, die Vogelschutz- und andere Naturschutzverbände besonders im Frühjahr anbieten, sollte man annehmen, denn dort trifft man nicht nur Gleichgesinnte, sondern bekommt unbekannte Sänger gezeigt und nützliche Erklärungen geboten. Doch die eigenen Entdeckungen und Studien können die Ausführungen von Experten nicht ersetzen; wichtig ist, das Gehörte zu wiederholen, zu vertiefen und weitere Details über die Lebensweise der vorgestellten Arten kennen zu lernen.

Darüber hinaus sollte man gehörte Vogelstimmen mit den Aufnahmen von Tonträgern wie Toncassetten und CD's vergleichen. Ein „Discman", den man in die Natur mitnimmt, kann wertvolle Dienste leisten, denn mit diesem Gerät lassen sich die Stimmen der gewünschten Arten bequem und schnell anwählen und mit der unbekannten Vogelstimme vergleichen.

Ein gutes Fernglas muss sein

Auch wenn der fortgeschrittene „birder" viele Vogelarten allein aufgrund ihrer Stimmen wahrnimmt, gehört ein gutes Fernglas zu den wichtigsten Hilfsmitteln des Vogelbeobachters. Da es viele Jahre halten soll, kommt nur ein Qualitätsglas in Frage. Die Wahl eines Fernglases ist eine sehr persönliche Entscheidung, denn ein und das selbe Glas wird von verschiedenen Personen oft ganz unterschiedlich bewertet. Daher ist es ratsam, so viele Ferngläser wie möglich zu testen und in Ruhe das passende aus dem breiten Angebot auszuwählen. Bei billigeren Gläsern sollte man unbedingt mehrere gleiche Exemplare prüfen, um herauszubekommen, welches am besten ist, denn die Justierung zeigt oft erhebliche Unterschiede.

Was die Vergrößerungsleistung anbelangt, empfiehlt sich ein 8–10-faches Glas mit 20–50 mm Durchmesser der Frontlinse. Die am häufigsten angebotenen Modelle tragen die Bezeichnung 8 × 20, 8 × 30, 8 × 40, 10 × 40 oder 10 × 50. Man sieht bei 10facher Vergrößerung nicht unbedingt mehr als bei 8facher, denn je stärker die Vergrößerung, desto lichtschwächer wird die Optik, und desto stärker ist die Gefahr des „Verzitterns". Damit das Glas nicht bei nächster Gelegenheit kaputt geht, ist eine schützende Gummiarmierung sinnvoll.

Vögel in Wald, Park und Garten

Viele Vogelarten, die uns als Garten- und Parkvögel vertraut sind, haben bereits in den nacheiszeitlichen Urwäldern gelebt, aber nicht immer so, wie es uns heute vertraut ist: Der Mauersegler brütete in hochgelegenen Höhlen von großen Urwaldbäumen. Turm- und Wanderfalken, die heute an hohen Gebäuden nisten, bezogen in den ursprünglichen Wäldern für die Jungenaufzucht alte Krähen- und Greifvogelhorste, Rauch- und Mehlschwalben nutzten für die Brut Felswände, die aus dem Baummeer herausragten.

Die Amsel, früher ein reiner Waldvogel, hat in Mitteleuropa erst im 19. Jahrhundert die Siedlungen als Lebensraum entdeckt, in weiten Teilen Osteuropas ist sie indessen auch heute noch kaum in den Städten anzutreffen – beispielsweise in der russischen Hauptstadt Moskau.

Während der „Sprung" vom Wald in die Großstadt einer Vogelart sehr viel Anpassungsvermögen abverlangt, bedeutet der Umzug aus dem Wald in einen Stadtpark deutlich weniger Anpassungsleistung, denn dort findet der Vogel ein Habitat, das seinem ursprünglichen Waldlebensraum weitgehend ähnelt. Nadelwaldvögel wie Tannen- und Haubenmeisen suchen auch in den Parks ihre Nahrung auf Nadelbäumen und brüten dort erfolgreich. Die Misteldrossel, ebenfalls ein typischer Bewohner von Nadelbäumen, ist ungefähr in den 20er Jahren zum Parkvogel geworden und konnte durch diesen „Sprung" sogar ihre Brutverbreitung ausweiten; im Gegensatz zu den beiden Meisenarten brütet sie in den Parks vermehrt in Laubbäumen.

Einige Arten wie Girlitz, Wacholderdrossel oder Türkentaube stammen aus Brutgebieten außerhalb Mitteleuropas, sie sind bei uns eingewandert und haben in der Folgezeit unsere Parks und Gärten besiedelt.

Als typische Waldvögel gelten die Spechte, vor allem der Buntspecht hat in vielen Gärten und Stadtparks gute Lebensbedingungen, in einigen Parken trifft man auf den größeren der beiden Erdspechte, den Grünspecht, gebietsweise sogar auf den Grauspecht; der seltene Kleinspecht hat in manchen Parks und größeren Gärten eine zweite Heimat gefunden. Der größte heimische Spechte, der Schwarzspecht, ist ein Bewohner geschlossener Wälder, er lebt nur in Parks mit großen Altholzbeständen. Meisen sind ebenfalls typische Waldvögel. Alle heimischen Arten, aber auch die Schwanzmeise, die nicht näher mit den echten Meisen verwandt ist, trifft man auch in Parks und Gärten an. Die Mönchsgrasmücke, die in vielen Arten von Wäldern zuhause ist, zählt inzwischen zu den häufigsten Park- und Gartenvögeln, während die Gartengrasmücke trotz ihres Artnamens nur selten in Gärten anzutreffen ist, sondern eher in gebüschreichen Parks. Die beiden Baumläuferarten nisten ebenfalls in Parks, vor allem der Gartenbaumläufer, der Laubbäume als Lebensraum vorzieht, während der Waldbaumläufer eher in größeren Baumbestände mit Nadelholz zu Hause ist. Ein „Allerweltsvogel", der Buchfink, kommt in sehr unterschiedlichen Wäldern, aber auch in nahezu allen Parks und in vielen Gärten zurecht. Dagegen beanspruchen waldlebende Greifvögel wie Mäusebussard und Sperber größere Baumbestände wie sie nur weitläufige Parks bieten; dort findet manchmal sogar der Habicht geeignete Horstplätze, beispielsweise in Berlin.

Parks und Gärten mit ihren ganz unterschiedlichen Landschaftselementen auf engstem Raum bieten frei lebenden Tieren meist viel bessere Lebensmöglichkeiten als die meisten Wirtschaftswälder. Im Park lässt man wenigstens einen Teil der Bäume alt werden und sichert damit ein abwechslungsreiches Angebot an Nistplätzen für Vögel wie Gartenrotschwanz und Trauerschnäpper, die gerne in und an alten Bäumen brüten. Der besondere Schmuck vieler Parks sind Teiche oder andere Gewässer, die Lebensraum für unterschiedliche Wasservögel – vom Teichhuhn bis zum Höckerschwan – zur Verfügung stellen.

Vogelschutz im Garten

Schon bei der Planung eines naturnahen Gartens sollte man die Bedürfnisse der Vögel so weit wie möglich berücksichtigen. Vor allem die Anlage von Hecken aus heimischen Sträuchern und Bäumen bieten geeignete Brut- und Versteckmöglichkeiten für dickichtschlüpfende Vögel; sie liefern in den Wintermonaten zusätzlich Nahrung in Form von Beeren. Als bewährte Gehölzarten für den Naturgarten empfehlen sich Vogelbeere, Weiß- und Schwarzdorn, Hundsrose, Schneeball, Hasel, Holunder und Liguster.
Eine Ecken im Garten sollte man „verwildern" lassen – dort könnte man eine kleine Wildnis schaffen, beispielsweise mit hohem Gras, das mit Brenneseln sowie Himbeer- und Brombeersträuchern durchsetzt ist; hier finden Grasmücken, Laubsänger und der Zaunkönig geeignete Brutplätze.
Gerade ausgeflogenen Jungen der bodennah brütenden Singvögel bietet ein Reisighaufen sichere Verstecke vor Greifvögeln und Katzen.
Als Nahrungslieferant für unsere Vögel ist eine blumen- und wildkräuterreiche Wiese überaus wertvoll, denn darin leben eine Unmenge von Insekten.
Wichtig ist der Verzicht auf chemische Düngung und Pflanzenschutzgifte aller Art, denn diese Stoffe schädigen nicht nur unsere Vögel und andere Tiere, sondern vernichten auch deren Nahrungsgrundlage.

Winterfütterung mit Sachverstand

Die Vogelfütterung im Winter und die Beobachtung der gefiederten Gäste am Futterhäuschen gehören für viele Menschen zu den typischen Wintererlebnissen. Dabei sollte man bedenken, dass die meisten unsere freilebenden Vögel die harten Wintermonate ohne Futtergaben oder sonstige Hilfen des Menschen überstehen. Seit Jahrtausenden haben sie sich in ihrer Lebensweise und in ihrem Verhalten darauf eingestellt. Trotz ihrer enormen Anpassungsfähigkeit sterben im Winter viele Vögel, meist aus Mangel an geeigneter Nahrung. Diese winterlichen Verluste sind von der Natur „eingeplant" und führen normalerweise nicht zum Rückgang oder gar zum Aussterben einer Vogelart. Daher wird als Einwand gegen die Winterfütterung immer wieder hervorgebracht, dass man durch die Futtergaben der Natur ins Handwerk pfuscht und die winterliche Auslese verhindert. Doch leider beobachtet man heute besorgniserregenden Bestandsschwund vieler selteneren Vogelarten und sogar von einigen „Allerweltsvögeln" wie Haussperling und Sumpfmeise. Das deutet darauf hin, dass nicht wenige Vögel heute bei uns kaum noch geeignete Lebensbedingungen finden und folglich die Wintermonate mangels geeigneter Nahrung immer schwerer überstehen können.
Aus diesem Grund ist die sachgerechte und maßvolle Winterfütterung durchaus sinnvoll. Einige britische Experten raten inzwischen sogar dazu, die Fütterung auf Herbst und Frühjahr oder sogar bis in die Sommermonate auszudehnen, um eventuelle Nahrungsengpässe auszugleichen. Abgesehen von Ausnahmesituationen sollte man jedoch nur bei Eis und Kälte füttern – jedoch regelmäßig, denn die Vögel verlassen sich auf die Futtergaben. Es gibt auch keinen Grund, die Vogelfütterung aus Angst vor Vogelkrankheiten einzustellen. Natürlich darf man auf keinen Fall kranke oder tote Vögel anfassen oder mit Vogelkot in Berührung kommen. Wöchentliche Säuberung der Fütterungsgeräte sollte daher selbstverständlich sein, um Mensch und Vögel vor ansteckenden Krankheiten zu schützen.
An den Futterstellen sind die Möglichkeiten zur Beobachtung von frei lebenden Vögeln oft ganz ausgezeichnet, denn zur Winterszeit verlieren viele von ihnen einen Teil ihre Scheu. So braucht man oft nicht einmal ein Fernglas, um den Vögeln aus nächster Nähe zuschauen zu können. Gerade für Kinder ist dieses Beobachten ungeheuer erlebnisreich, ihr Interesse für die Bedürfnisse der Vögel wird dadurch geweckt und sie können auf diese Weise Verständnis für die Notwendigkeit des Vogelschutzes entwickeln.

Höckerschwan *Cygnus olor*

Familie Entenvögel *Anatidae*

Typisch Der größte und schwerste Schwimmvogel.
Merkmale Gefieder ganz weiß, Schnabel rötlich mit schwarzem Grund; deutlicher Schnabelhöcker, beim ♂ stärker ausgeprägt, vor allem im Frühjahr. Jungvögel graubraun gefärbt, mit grauem Schnabel und ohne Schnabelhöcker.
Stimme Wenig lautfreudig; bei Auseinandersetzungen hart und durchdringend „gaiarr"sowie lautes Zischen.
Vorkommen Lebt bei uns als verwilderter Parkvogel auf vielen Seen des Tieflandes, auch auf Parkteichen mitten in der Stadt. Im Winter oft große Scharen futterzahmer Schwäne auf Parkseen und an Dampferstegen. Brütet auf wasserpflanzenreichen Teichen und Seen mit verschilften Ufern, auch an den Ufern von langsam fließenden Flüssen und an der Küste.
Verhalten Schwimmt im Gegensatz zu Sing- und Zwergschwan mit leicht S-förmig gebogenem Hals und abwärts gerichtetem Schnabel. Fliegt mit weit ausgestrecktem Hals und kraftvollen Flügelschlägen, dabei hört man ein deutliches Schwingenpfeifen.
Nahrung Wasser- und Sumpfpflanzen, manchmal Gras und junge Saat.
Brut April–Juni, 1 Brut; großes Nest aus Schilf und anderem Pflanzenmaterial, meist gut versteckt am Ufer.

> **Graugans T I–XII**

Graugans *Anser anser*

Familie Entenvögel *Anatidae*

Typisch Im Flug an den auffallend silbergrauen Vorderkanten der Flügel zu erkennen.

Merkmale Große, kräftige, hellgraue Gans, Stammform der Hausgans; Schnabel orangegelb (westl. Unterart) oder fleischfarben (östl. Unterart), es gibt auch Mischformen der Schnabelfärbung; Füße fleischfarben bis rosa, bei Jungvögeln grau.

Stimme Ziemlich ruffreudig; häufig ein hausgansartiges, nasales „ga-ga-ga", „ahng-ahng", „angangangang" oder ähnlich.

Vorkommen Brütet an großen Binnenseen mit dichten Randbereichen wie Schilf, Binsen oder sumpfiges Dickicht oder in Mooren. Bei uns seltener Brutvogel im nördlichen Teil, die Brutansiedlungen in Süddeutschland sind wohl nicht durch Wildvögel entstanden.

Verhalten Lebt gebietsweise ganzjährig als halbzahmer Parkvogel, oft mit Kanadagänsen zusammen, mitten in Städten.

Nahrung Gräser, Kräuter, Triebe, Wurzeln, Beeren, Samen, Getreide, Saat, Kartoffeln.

Brut April–Juni, 1 Brut; großes, lockeres Nest aus Pflanzenmaterial, meist nahe am Wasser in dichter Vegetation.

> **Stockente T I–XII**

Kanadagans ***Branta canadensis***

Familie Entenvögel *Anatidae*

Typisch Sehr große Gans mit langem, schwarzem Hals.
Merkmale Kopf auffallend schwarz-weiß, Schwanz, Schnabel und Füße schwarz. Bastardiert manchmal mit der Graugans. Trupps fliegen häufig in V-Formation.
Stimme Im Flug ein weit hörbares, nasal trompetendes „a-honk", wobei die Höhe der zweiten Silbe stark zunimmt. Im Trupp durchdringende Rufe bei Beunruhigung.
Vorkommen Aus Nordamerika bei uns eingebürgert; brütet ursprünglich an sumpfigen See- und Flussufern bis in die Tundraregion. Bei uns seit einigen Jahrzehnten als Jahresvogel etabliert. Die verwilderten Parkvögel haben sich an größeren und kleineren Seen mit deckungsbietenden Ufern, an Fischteichen und vor allem an Parkseen angesiedelt. Nur bei großer Kälte weichen die Gänse über kurze Entfernungen zu offenen Gewässern aus; die im Winterhalbjahr alljährlich an der Nordseeküste erscheinenden Kanadagänse sind echte Wintergäste aus den schon seit über 50 Jahren freibrütenden schwedischen Populationen.
Nahrung Gräser, Kräuter, Klee, Wurzeln, Samen, junge Saat, Wasserpflanzen, Algen.
Brut März–Juni, 1 Brut; großes Nest aus Pflanzenmaterial, meist am Ufer oder auf kleiner Insel.

> Graugans J, W I–XII

Weißwangengans *Branta leucopsis*

Familie Entenvögel *Anatidae*

Typisch Auffallend weißes Gesicht, das zum schwarzen Hals kontrastiert.
Merkmale Eine mittelgroße Gans mit kleinem, schwarzem Schnabel; wirkt aus der Ferne oben schwarz und unten weiß. Jungvögel im ersten Jahr mit grauweißem Gesicht und dunkelbrauner Halsfärbung, weniger scharf abgesetzt.
Stimme Im Flug heisere Rufe wie „gäk gäk gäk“, die Stimmen von großen Scharen klingen aus der Entfernung wie das Gebell von kleineren Hunden.
Vorkommen Weißwangengänse brüten meist zu mehreren Paaren auf unzugänglichen Klippen und Felsbändern hoch über Flusstälern oder Fjorden Grönlands, Spitzbergens und Nordrusslands. Die vor Eisfüchsen gut geschützten Nistplätze sind von den Gänsen nur fliegend erreichbar. Bei uns regelmäßig in den Wattenmeergebieten Schleswig-Holsteins und Hollands; zur Nahrungssuche im Watt, auf Salzwiesen, aber auch auf küstennahen Wiesen und Feldern. Heute oft Parkvogel.
Verhalten Sehr gesellig, kleine Gruppen schließen sich häufig anderen Gänsearten an, große Verbände (bei uns in der Regel) sind dagegen meist artrein. Die riesigen Schwärme fliegen meist ungeordnet.
Nahrung Im Winterquartier Gräser, Seegräser, Queller, Kräuter, Algen, daneben auch junge Saat.

< Graugans W X–IV

Mandarinente *Aix galericulata*
Familie Entenvögel *Anatidae*

Typisch ♂ sehr auffällig bunt.
Merkmale Kleine, gedrungene Ente mit großem Kopf; ♂ mit orangefarbenem „Segel" auf den Flügeln, das besonders während der Balz zur Geltung kommt, Schnabel rot; ♀ (kl. Bild) unscheinbar graubraun mit weißen Abzeichen an Auge und Schnabelgrund; ♂ im Schlichtkleid ähnlich dem ♀, aber mit rötlichem Schnabel und mehr metallisch schillerndem Rücken.
Stimme Das ♂ ruft im Flug pfeifend „wrrick", bei der Balz ansteigend „kru-ib" oder „pfruip", das ♀ blässhuhnartig „käk", „ket" oder „eck".
Vorkommen Aus dem ursprünglichen Verbreitungsgebiet in Ostasien bei uns eingebürgert; brütet an stehenden und fließenden, möglichst baumumstandenen Gewässern mit deckungsbietendem Uferbewuchs; derzeit vorwiegend auf Parkseen, es haben sich jedoch bereits einige verwilderte Parkvögel an Flüssen und Seen angesiedelt.
Nahrung Samen, Früchte, Pflanzenteile, kleine Würmer.
Brut April–Juni, 1 Brut; nistet in Baumhöhlen in Gewässernähe, selten am Boden zwischen Steinen oder in dichter Vegetation.

< **Stockente J I–XII**

Kolbenente *Netta rufina*

Familie Entenvögel *Anatidae*

Typisch Eine große, gedrungene und dickköpfige Tauchente, die relativ hoch im Wasser liegt. Schlichtkleid ♂ rechts.
Merkmale ♂ im Prachtkleid mit kastanienbraunem Kopf (Scheitelfedern heller) und rotem Schnabel sehr auffällig; ♀ einfarbig graubraun mit scharf gegen den dunkleren Oberkopf abgesetzten, hellgrauen Wangen, ähnelt etwas dem Trauerenten-♀. Im Flug sehr helle Unterflügel und oberseits breite, weiße Flügelbinde kennzeichnend, ♂ mit breitem, schwarzem Bauchstreif.
Stimme Das ♂ ruft zur Balzzeit laut und kurz „bät" oder leise und nasal „geng", das ♀ ein mechanisch klingendes „err" oder „trr-trr".
Vorkommen Brütet auf nährstoffreichen Seen mit schilfigen Ufern der Steppen- und Halbwüstenzone; in Mitteleuropa nur an wenigen Stellen brütend; bei uns seltener Brutvogel am Bodensee, in Bayern und Schleswig-Holstein. Im Sommer regelmäßig große Ansammlungen von mausernden ♂, z. B. am Bodensee und in Südbayern. Nicht selten auf Parkseen.

Verhalten Wirkt auf dem Wasser ähnlich wie eine Schwimmente, benötigt im Gegensatz zu anderen Tauchenten zum Starten nur kurzen Anlauf.
Nahrung Hauptsächlich Wasserpflanzen wie Laichkräuter und Algen, seltener Kleintiere.
Brut Mai–Juni, 1 Brut. Nest am Ufer.

< Stockente S, D II–I

Stockente *Anas platyrhynchos*

Familie Entenvögel *Anatidae*

TYPISCH Größte und bei weitem bekannteste Schwimmente („Wildente"), Stammform vieler Hausentenformen.
MERKMALE Körper recht plump. ♂ im Prachtkleid (X–VI) am flaschengrünen Kopf mit gelbem Schnabel, an der rotbraunen Brust und den schwarzen „Erpellocken" (aufgerollte Spitzen der mittleren Schwanzfedern) leicht zu erkennen; im Schlichtkleid sehr ähnlich dem ♀, aber etwas dunkler und mit einheitlich grüngelbem Schnabel. ♀ tarnfarben, mit dunklem Schnabelfirst. Fliegt schnell, dabei fallen der lange Hals und der vorn und hinten schwarz und weiß gesäumte Flügelspiegel auf.
STIMME Während der Balzzeit rufen die ♂ häufig ein gedämpftes „rääb", auch mehrmals gereiht, oft auch hoch und dünn pfeifend (Grunzpfiff). Von den ♀ hört man häufig ein quakendes, in der Tonhöhe etwas absinkendes „waak-wak-wak-wak-wak".
VORKOMMEN Brütet an stehenden und nicht zu schnell fließenden Gewässern fast aller Art, auch an Kleinstgewässern; ganzjährig auch in meist großer Zahl mitten in der Großstadt als halbzahmer Parkvogel anzutreffen.
NAHRUNG Sehr vielseitig: Wasserpflanzen, Samen, Würmer, Schnecken, Kleinkrebse, Insekten, Brot.
BRUT März–Juni, 1 Brut; Nest meist gut getarnt und dicht am Wasser.

Bezugsart T I–XII

Schnatterente *Anas strepera*

Familie Entenvögel *Anatidae*

Typisch In allen Kleidern mit weißem Flügelspiegel, der vor allem im Flug gut sichtbar ist.

Merkmale Etwas zierlicher und mit steilerer Stirn als die Stockente, ♂ relativ unauffällig gefärbt, von weitem gut am schwarzen „Heck" zu erkennen, im Flug scharf abgesetzter weißer Bauch kennzeichnend; im Schlichtkleid ähnlich ♀, aber mit rotbraunen Flügeldecken. ♀ (Foto rechts) vor allem am zierlicheren Schnabel (gelborange mit schwarzem First) zu erkennen.

Stimme Das ♂ ruft während der Balz tief „träb" oder „ärp", daneben „fied" (Grunzpfiff); das ♀ ähnlich der Stockente laut „rääk-rääk-räk ..." (Decrescendo-Ruf).

Vorkommen Brütet im Tiefland an flachen, nährstoffreichen Süßwasserseen mit reicher Ufervegetation, auch an langsam fließenden Flüssen. Bei uns spärlicher Brutvogel, der in vielen Gegenden ganz fehlt. Im Winter manchmal auf Parkseen, die meisten Schnatterenten ziehen jedoch weg.

Verhalten Schnatterenten sind sehr gesellig; bei den Balzspielen lassen sich verschiedene Posen beobachten.

Nahrung Vorwiegend Wasserpflanzen, gelegentlich Kleintiere.

Brut Mai–Juli, 1 Brut; Nest meist am Wasser, in dichter Ufervegetation.

< Stockente T I–XII

Reiherente *Aythya fuligula*

Familie Entenvögel *Anatidae*

Typisch ♂ mit schwarzweißem Gefieder und langem Schopf am Hinterkopf.
Merkmale Kleine, kompakte Tauchente; ♀ (kleines Foto) dunkel bräunlich, mit ganz kurzem oder fehlendem Schopf, manchmal mit weißlichem Fleck an der Schnabelbasis. Im Flug ist das weiße Flügelband zu sehen.
Stimme Das ♂ ruft während der Balz kehlig „gü-gü-gü" oder „bük bük", das ♀ vor allem im Flug hart und knarrend „kräck kräck".
Vorkommen Brütet an nicht zu flachen Seen und Stauseen mit größerer, offener Wasserfläche, auch an der Meeresküste; bei uns mäßig häufiger Brutvogel, gelegentlich auch in Städten; fehlt gebietsweise. Außerhalb der Brutzeit oft in großen Scharen auf Seen, Stauseen und langsam fließenden Flüssen, meistens nach Stockente und Blässhuhn der häufigste Wasservogel. Im Winter oft futterzahm auf Parkteichen mitten in der Großstadt.

Nahrung Muscheln, Schnecken, Insektenlarven, Samen von verschiedenen Wasserpflanzen.
Brut Mai–Juni, 1 Brut; Nest nahe am Wasser, mehr oder weniger gut versteckt. Brütet manchmal in lockeren Kolonien, gerne mit Lachmöwen.

< Stockente T I–XII

Schellente *Bucephala clangula*

Familie Entenvögel *Anatidae*

Typisch Der rasante Flug mit schnellen Flügelschlägen und laut pfeifendem Flügelgeräusch (bei alten ♂ am deutlichsten).

Merkmale Sehr gedrungene Ente mit großem, hohem Kopf und gelber Iris. ♂ auffällig schwarzweiß, zwischen Auge und Schnabel ein ovaler weißer Fleck; ♀ (kleines Foto) überwiegend grau mit braunem Kopf und gelber Schnabelspitze. Junge ♂ ähnlich ♀, aber Kopf dunkler, weißer Augenfleck nur angedeutet, Schnabel einheitlich schwarz.

Stimme ♂ bei der Balz nasal, gepresst „we-weäk", ♀ im Flug knarrend „krärr".

Vorkommen Brütet häufig an Seen und Fließgewässern der Nadelwaldzone Nordeuropas; bei uns seltener Brutvogel in einigen Paaren in Niedersachsen und Schleswig-Holstein, neuerdings auch in Bayern. Außerhalb der Brutzeit häufiger Durchzügler und Wintergast auf Seen, Stauseen und größeren Flüssen, besonders am Alpenrand und an der Meeresküste.

Nahrung Schnecken, Kleinkrebse, Insektenlarven, Fische.

Brut März–Juni 1 Brut; nistet in Baumhöhlen (vor allem vom Schwarzspecht) in Gewässernähe, häufig auch in eigens angebrachten Nistkästen.

< Stockente W, (S) I–XII

Auerhuhn *Tetrao urogallus*

Familie Raufußhühner *Tetraonidae*

Typisch Die polternden Abfluggeräusche (vor allem des ♂) wirken oft erschreckend.

Merkmale ♂ fast truthahngroß, mit einer anderen Art zu kaum verwechseln; langer Schwanz, der während der Balz gefächert wird (oben). ♀ (kleines Foto) kleiner, mit orangebraunem Brustband und rostrot-schwarz gebändertem Schwanz. Flug nach geräuschvollem Start schnell mit kraftvollen Flügelschlägen und langen Gleitstrecken.

Stimme ♂ während der Balz merkwürdige, schleifende, wetzende, knallende und glucksende Laute; die Balzstrophe dauert ungefähr 7 Sekunden.

Vorkommen Reich strukturierter, ruhiger Misch- und Nadelwald mit kleinen Lichtungen, Heidelbeerbeständen und Ameisenhaufen. Bei uns wegen des Schwundes naturnaher Wälder und durch häufige Störungen nur noch in den höheren Lagen einiger Mittelgebirge und in den Alpen oberhalb 1000 m.

Verhalten Der Hahn balzt mit hängenden Flügeln und gefächertem Schwanz.

Nahrung Knospen und Triebe von Bäumen, Blätter und Beeren von Blau- und Preiselbeere; im Winter fast nur Kiefernnadeln.

Brut April–Juni, 1 Brut; Bodennest, oft unter Zweigen gut versteckt.

> Haushuhn J I–XII

Fasan *Phasianus colchicus*

Familie Glattfußhühner *Phasianidae*

Typisch ♂ auffallend bunt.
Merkmale Überaus langer und spitzer Schwanz; ♀ gelblich braun und schwärzlich gemustert, mit kürzerem Schwanz als ♂.
Stimme Reviergesang des ♂ ein explosives, laut blökendes „gögock", auf das häufig ein lautes Flügelburren folgt; im Flug oft ein hartes, heiseres „äch" oder (aufgescheucht) gepresst „gökökök" oder "gögök".
Vorkommen Ursprünglich im südlichen Asien beheimatet; für Jagdzwecke in mehreren Unterarten in Europa eingebürgert. Lebt bei uns in der reich gegliederten Kulturlandschaft, am Rand von lichten Wäldern und in nicht zu nassen Feuchtgebieten. Weit verbreitet und trotz des Rückgangs noch häufig.
Nahrung Samen, Getreide, Früchte, Beeren, grüne Pflanzenteile, Würmer, Schnecken, Insekten.
Brut April–Juni, 1 Brut; Bodennest meist gut versteckt.
Das seltene **Haselhuhn** *Tetrastes bonasia* (links) brütet in unterholzreichen Misch- und Nadelwäldern mit beeren- und kätzchentragenden Sträuchern. In Mitteleuropa ist es nur im Alpenraum und in einigen Mittelgebirgen zu finden.

~ Haushuhn J I–XII

Zwergtaucher *Tachybaptus ruficollis*

Familie Lappentaucher *Podcipedidae*

TYPISCH Der mit Abstand kleinste Taucher Europas.

MERKMALE Gedrungen und kurzhalsig. Im Prachtkleid (oben) Kopf- und Halsseiten kastanienbraun, deutlicher heller Fleck am Schnabelwinkel, Schlichtkleid (kleines Foto) unauffällig graubraun, Flanken etwas heller.

STIMME Hauptsächlich im Frühjahr ein langes, vibrierendes Trillern, oft von ♂ und ♀ im Duett, daneben auch ein hohes „bi-ib".

VORKOMMEN Brütet auf Teichen und kleinen Seen, im dicht bewachsenen Uferbereich großer Seen und langsam fließender Flüsse, manchmal auch auf kleinen Tümpeln. Im Winter oft in kleinen Trupps auf Flüssen und Seen, auch auf Gewässern mitten in der Großstadt.

VERHALTEN Im Sommerhalbjahr ist der Zwergtaucher oft schwer zu beobachten, da er sich geschickt zwischen den Wasserpflanzen versteckt, schwimmt im Winter dagegen oft deckungslos und in Ufernähe dick aufgeplustert mit hohem „Heck".

NAHRUNG Insekten, deren Larven, Kleinkrebse, Schnecken, Kaulquappen; im Winter kleine Fische.

BRUT April–Juli, 1–2 Bruten; schwimmendes Nest am Ufer.

< Blässhuhn T I–XII

Haubentaucher *Podiceps cristatus*

Familie Lappentaucher *Podicipedidae*

Typisch Im Prachtkleid mit auffälligem Kopf- und Halsschmuck.

Merkmale Im Schlichtkleid (kleines Foto) Kopfseiten und vorderer Hals weiß, dunkle Kopfkappe, die nicht bis zum Auge reicht und einen weißen Überaugenstreif frei lässt. Jungvögel mit längs gestreiften Kopf- und Halsseiten. Liegt tief im Wasser.

Stimme Ruft vor allem im Frühjahr rau „gröck-gröck“, heiser „rra-rra“ oder trompetend „ää-ää“.

Vorkommen Weit verbreitet auf den größeren Seen mit verschilften Ufern, manchmal auch auf Teichen und sogar auf Stauseen mit nur wenig oder fehlender Ufervegetation. Im Winter oft truppweise auf großen Seen und Flüssen sowie an Parkteichen anzutreffen.

Verhalten Im Frühjahr sind die eindrucksvollen Balzspiele der Haubentaucher leicht zu beobachten: Dabei schwimmen die Partner häufig mit gesträubtem Kopf- und Halsschmuck Brust an Brust und schütteln ihre Köpfe. Wirkt im Flug sehr schlank.

Nahrung Kleine Fische, aber auch Krebstiere und Wasserinsekten, Kaulquappen und kleine Frösche.

Brut Mai–Juli, 1–2 Bruten; schwimmendes Nest aus nassem Pflanzenmaterial, meist gut in Schilf oder Binsen versteckt.

~ Stockente T I–XII

Graureiher *Ardea cinerea*

Familie Reiher *Ardeidae*

TYPISCH Größter und häufigster Reiher Europas.
MERKMALE Langer Hals und lange Beine; Schnabel lang und spitz, gelblich gefärbt. Gefieder überwiegend grau; schwarzer Überaugenstreif, der sich in zwei langen Schmuckfedern im Nacken fortsetzt. Jungvögeln fehlen der Überaugenstreif und die Schmuckfedern. Fliegt mit langsamen, wuchtigen Flügelschlägen, der Hals ist stets S-förmig eingezogen, die Beine sind weit nach hinten ausgestreckt, die Flügel stark gebogen; wirkt im Flug sehr groß.
STIMME Ruft im Flug rau „kräick".
VORKOMMEN Brütet kolonieweise auf hohen Bäumen, gebietsweise auch im Schilf. Nahrungssuche im seichten Wasser, an flachen Ufern von Bächen, Gräben, Teichen und Seen oder (zum Mäusefang) auf feuchten Wiesen.
VERHALTEN Graureiher stehen oft unbeweglich am Ufer oder schreiten langsam und mit weit vorgestrecktem Hals durch das Flachwasser und lauern auf Fische; haben sie ein Beutetier entdeckt, stoßen sie sehr schnell mit dem langen Schnabel zu. Wegen der Zerstörung naturnaher Gewässer und Feuchtwiesen sind Graureiher immer mehr darauf angewiesen, ihre Beutetiere in Fischzuchten zu fangen.
NAHRUNG Vorwiegend Fische, aber auch Kleinsäuger, Frösche, Würmer.
BRUT März–Juni, 1 Brut; großes Nest meist hoch auf Bäumen.

< Weißstorch T I–XII

Schwarzstorch *Ciconia nigra*

Familie Störche *Ciconiidae*

Typisch Bewohner des Waldes.
Merkmale Leicht vom etwa gleich großen Weißstorch zu unterscheiden: Gefieder überwiegend schwarz mit grünlichem und purpurnem Schimmer, nur Bauch und Unterschwanz weiß. Jungvögel graubraun gefärbt, Schnabel und Beine grünlich. Segelt oft hoch und ausdauernd.
Stimme Im Vergleich zum Weißstorch reichhaltiges Lautrepertoire: im hohen Segelflug ein melodisches „vüho", bei Auseinandersetzungen „fiiche", am Horst gedämpft „chichu".

Vorkommen Östliche Art; brütet in ausgedehnten, alten und ruhigen Laub- und Mischwäldern mit Tümpeln, Bächen und eingestreuten Feuchtwiesen. Zur Nahrungssuche an seichte Gewässer gebunden. Bei uns durch Lebensraumzerstörung und forstliche Maßnahmen sehr selten geworden, jedoch seit einigen Jahren wieder in mehreren Bundesländern im Aufwärtstrend.
Verhalten Deutlich weniger gesellig als Weißstorch; außerhalb der Brutzeit meist einzeln oder in kleinen Trupps. Nahrungssuche an Gewässern.
Nahrung Wasserinsekten, Molche, Frösche, Fische, gelegentlich auch Kleinsäuger.
Brut April–Juli, 1 Brut; großer Baumhorst aus Ästen und Zweigen, oft auf alten Kiefern oder Eichen, auch ehemalige Greifvogelhorste werden bezogen.

~ Weißstorch S III–X

Sperber *Accipiter nisus*

Familie Habichtartige *Accipitridae*

TYPISCH Überraschungsjäger, der geschickt die Deckung ausnützt.
MERKMALE ♂ etwa so groß wie eine Türkentaube, ♀ wesentlich größer; Gestalt und Färbung ähnlich dem Habicht, der Schwanz wirkt jedoch länger, schmaler und gerade abgeschnitten; Unterseite eng quer gebändert, beim ♂ (oben) auf rostbrauner Grundfärbung; Oberseite beim ♀ (unten) bräunlich grau; beim ♂ blaugrau. Jungvögel oberseits dunkelbraun, unterseits mit grober und unregelmäßiger Querstreifung.

STIMME Meist nur im Frühjahr zu hören; bei Störungen im Horstbereich schnelle hohe „gjigjigji"-Reihen, beim ♂ höher als beim ♀. Die Rufe der ausgeflogenen Jungsperber ähneln den Rufen junger Waldohreulen „jih jih ...".
VORKOMMEN Vor allem Nadel- und Mischwald, der mit offener Landschaft (Kulturland, Moor, Heide), Hecken und Gehölzen abwechselt; jagt im Winter auch in Dörfern und Städten. Bei uns in strukturreicher Landschaft weit verbreitet, aber nur gebietsweise häufig.
NAHRUNG Hauptsächlich Vögel von Goldhähnchen- bis Ringeltaubengröße, ♂ höchstens bis Drosselgröße; selten Kleinsäuger.
BRUT April–Juni, 1 Brut; flaches Nest gut versteckt, meist in 20–50jährigen Fichten- oder Kiefernstangenholz.

> Amsel (♂),
< Rabenkrähe (♀) T I–XII

Habicht *Accipiter gentilis*

Familie Habichtartige *Accipitridae*

Typisch Die Größe (♀), der lange Schwanz und die relativ kurzen und runden Flügel; Überraschungsjäger.
Merkmale ♂ wesentlich kleiner und leichter als ♀ (oben); Oberseite beim ♂ graubraun bis schiefergrau, beim ♀ braun; Unterseite weißlich, dicht quer gebändert, bei Jungvögeln (kleines Foto) gelblich bis rostfarben mit kräftiger, dunkelbrauner Tropfenfleckung. ♂ mit Sperber-♀ zu verwechseln, wirkt aber schwerer, hat eine kräftigere Brustpartie und langsameren Flügelschlag.

Stimme Während der Balzzeit (ab März) lange Reihen von ungeduldig klingenden „gik-gik-gik"-Rufen, vor allem bei Störungen am Horst; daneben ein bussardähnliches „hiäh", die erste Silbe betont. Die Standortrufe flügger Jungvögel sind hoch und heiser, häufig „überschnappend", wie „psiiä".
Vorkommen Brütet in abwechslungsreichen Waldlandschaften, hauptsächlich in hochstämmigem Nadelwald, manchmal in Siedlungsnähe.
Nahrung Sehr vielseitig und je nach Angebot stark variierend; Vögel bis Hühnergröße und Säugetiere bis Junghasengröße; häufig Rabenvögel, Tauben, Kaninchen, Eichhörnchen.
Brut März–Juli, 1 Brut; großer, gut versteckter Horst, meist hoch auf einem Nadelbaum.

~ Mäusebussard (♀), ♂ wesentl. kleiner T I–XII

Rotmilan *Milvus milvus*

Familie Habichtartige *Accipitridae*

Typisch Im Flug lange Flügel und langer, tief gegabelter Schwanz.

Merkmale Viel langflügeliger als Mäusebussard; kontrastreiche Färbung, hellgrauer Kopf deutlich vom rotbraunen Körpergefieder abgesetzt. Unterseite und Oberflügeldecken bei Jungvögeln heller, Rücken mehr rotbraun, Kopf mehr bräunlich, auf der Brust gröbere Fleckung. Segelt oft mit etwas angehobenen Flügeln; Ruderflug mit tief ausholenden, relativ langsamen Flügelschlägen, verdreht im Suchflug oft den Schwanz.

Stimme Rufe gedehnt pfeifend-klagend, oft im Frühjahr zu hören: „weuuweuweuweu-weuuuu".

Vorkommen Weniger an Gewässer gebunden als Schwarzmilan; brütet in abwechslungsreicher, gerne hügeliger Waldlandschaft mit offenen Stellen wie kleinen Mooren, Gewässern und Anbauflächen (Jagdgebiet), aber auch in trockenen und flachen Landschaften

mit kleinen Waldstücken. Bei uns weit verbreitet, aber nicht häufig.

Nahrung Weniger Fische als der Schwarzmilan, dafür mehr selbst gefangene Beutetiere; hauptsächlich kleinere Säugetiere, Vögel, kranke, größere Tiere, Aas, Abfälle.

Brut April–Juni, 1 Brut; Horst auf hohen Bäumen, häufig mit Zivilisationsmüll ausgestattet.

> **Mäusebussard T I–XII**

Mäusebussard *Buteo buteo*

Familie Habichtartige *Accipitridae*

Typisch Häufigster Greifvogel.

Merkmale Ein mittelgroßer, etwas plump wirkender Greifvogel mit kurzem Hals und großem, rundem Kopf; Flügel breit; der Schwanz wirkt bei Spreizung abgerundet. Färbung sehr variabel von fast weiß bis einheitlich schwarzbraun, meistens bräunlich mit hellerem Brustband. Iris dunkelbraun bis gelb. Wirkt im Flug ziemlich kompakt, die Flügelhaltung ist etwas steif, beim Segeln sind die Flügelspitzen deutlich aufgebogen. Unten heller Typ.

Stimme Zu jeder Jahreszeit, aber besonders im Frühjahr ein bezeichnendes, miauendes „hiijäh".

Vorkommen Brütet in abwechslungsreicher Waldlandschaft mit Äckern, Feldern, Mooren, Hecken und Gehölzen. Jagt über offenem Land, nistet meist an Waldrändern.

Verhalten Segelt oft ausdauernd über dem Kulturland, besonders häufig im Frühjahr. Ansitzjäger, der oft geduldig auf einem Pfosten sitzt.

Nahrung Vorwiegend Wühlmäuse, aber auch andere Kleinsäuger wie Waldmäuse, Spitzmäuse, Hamster, Jungkaninchen; Regenwürmer, Reptilien, Insekten; nur selten Vögel; im Winter häufig Fallwild und ausgelegte Fleischabfälle.

Brut März–Juli, 1 Brut; Horst hoch in Laub- oder Nadelbäumen.

Bezugsart T I–XII

Baumfalke *Falco subbuteo*

Familie Falken *Falconidae*

TYPISCH Erinnert im Flug an einen großen Mauersegler.
MERKMALE Größe ungefähr wie Turmfalke, doch viel kürzerer Schwanz und lange, sichelförmige Flügel; Oberseite blaugrau, Kopf kontrastreich mit auffallendem, dunklem Bartstreif, Schenkelgefieder („Hosen") und Unterschwanzdecken rostrot. Jungvögel mit gelblichen „Hosen", bräunlicher Oberseite und rahmfarbener, kräftig gestreifter Unterseite.
STIMME Ruft häufig während der Balz- und Brutzeit, auch nach dem Ausfliegen der Jungen; Rufe meist ein durchdringendes, schnelles „gjegjegje ...", erinnert etwas an Wendehalsgesang; daneben turmfalkenartig „kikikiki ..." und gedehnt „gjih gjih".

VORKOMMEN Abwechslungsreiche Waldlandschaft mit Mooren, Heiden, Feuchtwiesen und ausgedehnten Verlandungszonen; brütet in lichtem Wald, an Waldrändern und in Feldgehölzen. Im Gegensatz zum Turmfalken nur selten in der Kultursteppe oder in Siedlungen. Bei uns weit verbreitet, doch nicht sehr häufig.
NAHRUNG Kleinvögel wie Schwalben, Lerchen, Sperlinge, Finken, auch Mauersegler; Libellen, Käfer, Schmetterlinge, Heuschrecken.
BRUT Mai–September, 1 Brut; nistet meistens in alten Nestern von Krähen.

< Rabenkrähe S IV–X

Turmfalke *Falco tinnunculus*

Familie Falken *Falconidae*

Typisch Häufigster kleiner Falke, oft an Straßen zu beobachten, rüttelt ausdauernd.

Merkmale Kleiner Falke mit langem Schwanz, langen, spitzen Flügeln und brauner Oberseite; beim ♂ (kleines Foto) Rücken rotbraun, schwach gefleckt, Oberkopf und Schwanz grau, breite schwarze Schwanzendbinde. ♀ mit einheitlich rotbrauner, gebänderter Oberseite. Jungvögel ähnlich dem ♀, aber stärker gestreift (oben junges ♂).

Stimme Ruft häufig, besonders während der Brutzeit, hoch und schnell „kikikikiki ..." oder „kjikjikji ...", das ♀ oft vibrierend „wrrih wrrih".

Vorkommen Jagt oft in abwechslungsreicher Kulturlandschaft, brütet in Feldgehölzen, am Waldrand, in Steinbrüchen, in Dörfern und Städten, auch in Parks. Außerhalb der Brutzeit in offener Landschaft, oft in der Kultursteppe; vielfach an Autobahnen und Landstraßen, um Mäuse zu jagen.

Nahrung Hauptsächlich Feldmäuse, aber auch andere Kleinsäuger, Reptilien, Insekten, Jungvögel; besonders in Städten werden Vögel gejagt.

Brut April–Juni, 1 Brut; nistet in alten Krähennestern, in Baumhöhlen, in Nischen von Gebäuden und Felsen sowie in Nistkästen.

< Rabenkrähe T I–XII

Teichhuhn *Gallinula chloropus*

Familie Rallen *Rallidae*

Typisch Bewegungen hühnerartig, schwimmt und läuft kopfnickend und unter ständigem Schwanzzucken.
Merkmale Kleiner und schlanker als das Blässhuhn; Schnabel rot mit gelber Spitze, rotes Stirnschild; Beine und die sehr langen Zehen grün. Beim Schwanzzucken leuchten die schneeweißen Unterschwanzdecken rhythmisch auf. Jungvögel (unten) bräunlich mit aufgehellter Kehlregion, Schnabel und Stirnschild olivgrün. Lässt beim Auffliegen die Beine herabbaumeln.
Stimme Häufig hört man den Erregungsruf, ein rau gutturales, aber wohlklingendes „kürrk"; bei Gefahr durchdringend „kirreck" oder scharf „dick dick"; im Flug oft mehrmals „kek-kek".
Vorkommen Brütet in der deckungsreichen Uferzone von stehenden und langsam fließenden Gewässern, auch an Gräben und kleinen, fast zugewachsenen Tümpeln; vielerorts an dicht bewachsenen Bächen und Parkgewässern mitten in Dörfern und Städten. Nahrungssuche gerne auf ufernahen Wiesen. Bei uns weit verbreitet und überall häufig.
Nahrung Samen, Triebe und Früchte von Sumpf- und Wasserpflanzen, Schnecken, Würmer, Insekten.
Brut; April–August, 1–2, manchmal sogar 3 Bruten; tiefmuldiges Nest meist sehr gut in der Ufervegetation in Wassernähe versteckt, selten auch ganz frei.

< Rebhuhn T I–XII

Blässhuhn *Fulica atra*

Familie Rallen *Rallidae*

Typisch Schwarzer, rundlicher Wasservogel, sehr häufig auf größeren Flüssen und Seen. Kleines Foto Jungvogel.
Merkmale Eine Ralle, die zum Wasservogel geworden ist; Zehen mit Schwimmlappen besetzt; leuchtend weißes Stirnschild.
Stimme Ziemlich häufig zu hören; ♂ stimmlos „tsk" oder „tsi", oft auch wie ein knallender Sektkorken „tp". ♀ bellend „kow". Bei Erregung scharf „psi".
Vorkommen Brütet an nährstoffreichen Seen, Stauseen, Teichen und langsam fließenden Flüssen mit gut ausgebildeter Ufervegetation; auch an kleinen Kiesgrubenseen und an Parkteichen mitten in der Großstadt. Im Winter oft in großen Scharen auf eisfreien Seen; an Dampferstegen und auf Parkseen lassen sich die oft sehr vertrauten Blässhühner durch den Winter füttern. Bei uns weit verbreitet und fast überall häufig.
Verhalten Schwimmt hoch auf dem Wasser unter ständigem Kopfnicken; taucht mit einem kleinen „Tauchsprung" unter; läuft beim Starten von der Wasseroberfläche erst eine längere Strecke flügelschlagend und platschend über das Wasser.
Nahrung Schilfsprosse, Wasserpflanzen, Gras, Laub, Muscheln, Schnecken, Würmer, Insekten, Entenfutter, Brot, Abfälle.
Brut April–Juli, 1 Brut; großes Nest , meist über seichtem Wasser gebaut.

< Stockente T I–XII

Waldschnepfe *Scolopax rusticola*

Familie Schnepfenvögel *Scolopacidae*

Typisch Balzflug während der Dämmerung in Baumkronenhöhe unter quorrenden und puitzenden Lauten.

Merkmale Eine gedrungene, kurzbeinige und dickköpfige Schnepfe mit langem, geradem Schnabel; Gefieder tarnfarben, an den Waldboden hervorragend angepasst. Wirkt im Flug „halslos", die Flügel sind breit und abgerundet, der lange Schnabel zeigt schräg nach unten; fliegt aufgescheucht meist geräuschlos (manchmal mit kurzem Flügelklatschen) und in schwachen Zickzack-Kurven ab, um nicht weit entfernt wieder einzufallen; Dämmerungs- und nachtaktiv.

Stimme Mit Ausnahme des Balzfluges wenig stimmfreudig; bei Störung manchmal hoch „zwieht". Während des Balzfluges singt das ♂ abwechselnd tief und hölzern „kworr-kworr-kwo-worr" und sehr hoch und scharf „pizick".

Vorkommen Brütet in größeren Waldgebieten, meist in aufgelockertem Laub- und Mischwald mit einer artenreichen Kraut- und Strauchschicht und mit kleinen, eingesprengten Feuchtflächen oder Lichtungen. Bei uns weit verbreitet, aber meist selten. Zur Zugzeit auch in kleinen Waldflächen, manchmal sogar in Parks.

Nahrung Regenwürmer, Insekten und deren Larven, Spinnen.

Brut März–Juni, 1–2 Bruten; Bodennest, oft am Fuße eines Baumes.

~ Haustaube S, D, (W) I–XII

Waldwasserläufer *Tringa ochropus*

Familie Schnepfenvögel *Scolopacidae*

Typisch Beim Auffliegen starker Kontrast zwischen der dunklen Oberseite und der schneeweißen Schwanzwurzel; bezeichnender heller Flugruf.

Merkmale Gedrungener und oberseits dunkler und spärlicher gefleckt als der Bruchwasserläufer; Schwanz weiß mit 3–4 bräunlichen Querbinden. Jungvögel (oben) auf der Oberseite gelblich gepunktet. Scheitel und Hals dunkler (Prachtkleid kleines Foto).

Stimme Ruft häufig scharf und hell „tluit-ti-tit", besonders beim Abflug; bei Störungen am Brutplatz anhaltend „tick-tick-tick ..."; im kreisenden Singflug über dem Brutplatz „gegjärluid gegjärluid".

Vorkommen Brütet in Mooren mit lichtem Baumbestand, in feuchten Bruchwäldern und an baumbestandenen Gewässerufern. Auf dem Zug fast ausschließlich an Binnenseen, aber auch an kleinen Gräben und Tümpeln. Brutvogel im Nordosten Mitteleuropas, bei uns seltener Brutvogel.

Nahrung Insekten, deren Larven, Spinnen, Würmer, Krebse und kleine Fischchen.

Brut April-Juni, 1 Brut; nistet meistens in vorjährigen Drosselnestern, aber auch in alten Nestern von Krähen, Tauben und Eichhörnchen.

~ Amsel S, D, (W) I-XII

Lachmöwe *Larus ridibundus*

Familie Möwen *Laridae*

Typisch Die häufigste Möwe im Binnenland.

Merkmale Schokoladebraune Kopfmaske (nicht bis in den Nacken reichend) mit halbmondförmiger weißer Zeichnung am Auge; die Spitzen der Handschwingen sind schwarz, Schnabel und Beine dunkelrot. Im Schlichtkleid (kleines Foto) Kopf weiß mit dunklem Ohrfleck. Jungvögel mit bräunlich gefleckter Oberseite, dunklem Flügelhinterrand und dunkler Schwanzendbinde. Im Flug schlanke, spitze Flügel mit weißem Vorderrand.

Stimme Besonders zur Brutzeit sehr lautes Geschrei. Klingt wie „kwerr", „kwäär" oder „kwärarrr"; im Winter häufig „ke-ke-ke" oder hoch „piee".

Vorkommen Brütet in oft großen Kolonien im Verlandungsbereich; häufig in Schilf- und Seggenbeständen und auf kleinen Inseln. Bei uns weit verbreitet, im Süden jedoch weniger zahlreich. Außerhalb der Brutzeit sehr häufig an der Küste und an Binnengewässern, auch mitten in der Großstadt, vor allem an Brücken und Parkseen.

Nahrung Sehr vielseitig; vor allem Würmer, Insekten, kleine Fische, Krebstiere, Aas, Abfälle.

Brut April–Juni, 1 Brut; Nest oft auf einer Seggenbülte.

Bezugsart T, D, W I–XII

Sturmmöwe *Larus canus*

Familie Möwen *Laridae*

Typisch Sieht aus wie eine kleine Silbermöwe, kein roter Schnabelfleck.
Merkmale Rundlicher, weißer Kopf, relativ schlanker, gelber Schnabel und dunkle Augen; Füße grünlich gelb. Im Schlichtkleid (kleines Foto) mit fein bräunlich gestricheltem Kopf. Jungvögel oberseits bräunlich gemustert, Schnabel dunkel. Im Flug schwarze Flügelspitzen mit weißen Flecken (Prachtkleid), auffallende dunkelbraune Schwanzendbinde (Jugendkleid).
Stimme Höher und durchdringender als Silbermöwe; im Flug oft „kia kia ..." oder „kjau kjau", bei Erregung „ä-ä-ä-iii-ä-iii-ä-iii-ä".
Vorkommen Brütet meist in Küstennähe; Kolonien auf Strandwiesen, Moor- und Heideflächen mit nicht zu hoher Vegetation; in Skandinavien häufig, in Mitteleuropa gebietsweise Binnenlandbrüter; bei uns vorwiegend im Norden. Außerhalb der Brutzeit hauptsächlich an der Meeresküste, aber auch an größeren Binnenlandseen und sogar an Parkgewässern; dort weniger dreist als die kleineren Lachmöwen.
Nahrung Würmer, Insekten, Fische, Mäuse, Pflanzenteile, Abfälle.
Brut April–Juni, 1 Brut; Bodennest in niedriger Vegetation.

> Lachmöwe T, W, D I–XII

Straßentaube *Columba livia*

Familie Tauben *Columbidae*

Typisch Sehr häufig in Städten.
Merkmale Gefieder sehr variabel gefärbt von Blaugrau – der Färbung der wilden Felsentaube, ihrer Stammform – über Rostbraun und Schwarz bis fast ganz Weiß; meistens mit weißem oder hellgrauem Hinterrücken.
Stimme Das allbekannte Gurren, „guh- guruguh" ist ein Bestandteil der Balz und somit ein echter Gesang; fast das ganze Jahr über zu hören.
Vorkommen Ein sehr häufiger Kulturfolger in Dörfern und Städten, besonders in Großstädten. Aufgrund der zunehmenden Verschmutzung von Gebäuden durch Taubenkot wurde in einigen Städten Fütterungsverbot erlassen.
Verhalten Straßentauben sind wie ihre wilden Vorfahren sehr gesellig und treten meistens in Schwärmen auf. An Plätzen, an denen sie regelmäßig gefüttert werden, verlieren sie oft ihre Scheu und kommen manchmal sogar auf die Hand. Als ursprüngliche Felsbewohner fliegen sie auch zu hochgelegenen Balkonfutterhäusern.
Nahrung Verschiedene Samen, auch Baumsamen, Getreide, Eicheln, Triebe, Blätter, Beeren, Brot, Abfälle.
Brut März–September, gelegentlich auch im Winter, meist 3–4 Bruten; das Nest, eine flache Plattform aus Halmen und Zweigen, wird meist auf einem geschützten Gebäudesims gebaut.

Bezugsart J I–XII

Hohltaube *Columba oenas*

Familie Tauben *Columbidae*

Typisch Brütet in Baumhöhlen.
Merkmale Oft schwer von Straßentauben zu unterscheiden, aber etwas schlanker und mit grauem Bürzel, die schwarzen Flügelbinden fallen wenig auf. Im Flug durch schmalere Flügel, schwarze Flügelspitzen, schwarzen Flügelrand und das Fehlen weißer Flügelabzeichen von der größeren Ringeltaube unterschieden. Fliegt schnell und zielstrebig.
Stimme Bei Gefahr ein kurzes „hru"; der Reviergesang des ♂, eine dumpfe, monotone Folge wie „gue-ru gue-ru ..." (auf der ersten Silbe betont, ist bereits im März zu hören).
Vorkommen Brütet in lichtem Laub- und Mischwald, auch in Kiefernwald und Parks mit altem Baumbeständen; gebietsweise auch in kleinen Feldgehölzen, Obstgärten und sogar in Dünenlandschaft. Wichtig ist das Vorhandensein von Schwarzspechthöhlen für die Brut und offenen Flächen in der Nähe zur Nahrungssuche. Außerhalb der Brutzeit oft mit anderen Tauben auf Wiesen, abgeernteten Äckern und Feldern.
Nahrung Samen von Gräsern, Kräutern und Bäumen, Beeren, Eicheln, Bucheckern, grüne Pflanzenteile, Kulturpflanzen wie Gemüse, Klee.
Brut März–September, 2–3 Bruten; Nest vorwiegend in alten Schwarzspechthöhlen und Nistkästen; trägt viele Halme, Blätter und kleine Zweige ein.

~ Haustaube S III–X

Ringeltaube *Columba palumbus*

Familie Tauben *Columbidae*

Typisch Im Flug leuchtend weiße Abzeichen am Flügel und Hals (kl. Foto).
Merkmale Langschwänziger als die Haustaube, Kropfgegend und Brust rötlich. Im Flug fallen neben den weißen Abzeichen der rundliche Bauch und das hell pfeifende Flügelgeräusch auf; beim Abflug und während des Balzfluges lautes Flügelklatschen.
Stimme Reviergesang dumpf gurrend und weit hörbar „gu-guh-gu-guru".
Vorkommen Brütet in aufgelockerten Waldgebieten mit Wiesen und Feldern oder kleinen Mooren, häufig in Feldgehölzen; gebietsweise, vor allem in der Norddeutschen Tiefebene, sind die sonst scheuen Waldvögel in die Parks und Anlagen der Städte eingewandert, wo sie zusammen mit Haus- und Türkentauben Nahrung suchen .
Verhalten Außerhalb der Brutzeit oft in großen Schwärmen auf Feldern. Im Frühjahr häufig ausgedehnte Balzflüge über dem Brutplatz.

Nahrung Je nach Jahreszeit Samen von Gräsern und krautigen Pflanzen, Beeren, Eicheln, Bucheckern, Getreide, grüne Blätter und Knospen, Kulturpflanzen (Raps, Klee, Kohl); in den Städten auch altes Brot.
Brut April–September; 2 (3) Bruten; Nest aus trockenem Reisig mit einer flachen Mulde, meist hoch auf Laub- und Nadelbäumen, gelegentlich auch in Büschen und sogar an Gebäuden.

> Haustaube T, D, W I–XII

Türkentaube *Streptopelia decaocto*

Familie Tauben *Columbidae*

Typisch Nach der Straßentaube die häufigste Taube in Siedlungen.
Merkmale Eine helle, schlanke und langschwänzige Taube mit schwärzlichem Nackenband; Brust rötlich überhaucht, Unterflügel weißlich.
Stimme Im Flug und besonders vor dem Landen hört man oft das typische nasale „chwäh chwäh" („Girren"). Der Reviergesang ist ein monotones, dreisilbiges „gu guh gu gu guh gu ...". Flug schnell und etwas greifvogelähnlich, mit pfeifendem Fluggeräusch.
Vorkommen Erst vor wenigen Jahrzehnten aus dem Südosten nach Mitteleuropa eingewandert; lebt heute ganzjährig in Dörfern und Städten, besonders in Bereichen mit günstigem Nahrungsangebot wie Parkanlagen, Zoos, Lagerplätzen, Bauernhöfen.
Verhalten Bereits im zeitigen Frühjahr vollführen die ♂ ihre Balzflüge. Nach einem steilen Aufwärtsflug segelt der Vogel mit nach unten gebogenen Flügeln unter lautem Girren herab.
Nahrung Je nach Jahreszeit Samen, Knospen und grüne Pflanzenteile, Getreide, Beeren, Früchte, Brot.
Brut März–April, 2–4 Bruten; das Nest, eine flache und oft durchscheinende Plattform aus kleinen Zweigen, meist auf Bäumen oder Sträuchern.

< Haustaube J I–XII

Kuckuck *Cuculus canorus*

Familie Kuckucke *Cuculidae*

Typisch Der sperberähnliche Flug und der allbekannte „Kuckucksruf".
Merkmale Meistens im Flug zu sehen; im Gegensatz zum Sperber mit spitzen Flügeln. Kommt auch in einer selteneren, oberseits rostbraunen Variante vor (kleines Foto).
Stimme Der „Kuckucksruf" des ♂ ist ein echter Reviergesang; er ist weit zu hören und wird auf einer Warte hoch in Bäumen, von Ende April bis Juli, vorgetragen. Das ♀ trillert zur Brutzeit laut.
Vorkommen In allen naturnahen Lebensräumen vom Hochgebirge bis in die Dünenlandschaft an der Küste; bevorzugt abwechslungsreiche, halb offene Landschaft. Die Häufigkeit hängt vor allem von der Siedlungsdichte der Wirtsvogelarten ab; gebietsweise auch in Dörfern und Städten sowie in Parks.
Nahrung Meist haarige Schmetterlingsraupen, die von anderen Vögeln gemieden werden, aber auch Käfer, Heuschrecken und andere Insekten.
Brut Mai–Juli; der Kuckuck baut kein eigenes Nest, sondern legt seine Eier einzeln in Nester bestimmter Singvogelarten; geeignete Kuckuckswirte sind vor allem Haus- und Gartenrotschwanz, Rotkehlchen, Bachstelze, Teich- und Drosselrohrsänger, Grasmücken, Pieper, Heckenbraunelle und Neuntöter. Jedes Kuckucks-♀ legt zeitlebens Eier eines Färbungstyps.

< Haustaube S IV–IX

Mauersegler *Apus apus*

Familie Segler *Apodidae*

Typisch Die langen, sichelförmigen Flügel und die schrillen Rufe.
Merkmale Gefieder schwärzlich, Kinn und Kehle weißlich. Jungvögel mit heller Stirn und zart hell gewelltem Oberkopf.
Stimme Ruft fast ständig hoch und schrill „sriieh" oder kürzer „sri", „sü".
Vorkommen Ursprünglich Felsbrüter, doch in Mitteleuropa fast ausschließlich Kulturfolger, der kolonieweise an Kirchtürmen, Kaminen, Hochhäusern und anderen Gebäuden nistet; gebietsweise auch in Baumhöhlen. Überall sehr häufig, vor allem in Städten.
Verhalten Verbringt den größten Teil des Lebens fliegend, außerhalb der Brutzeit oft wochenlang ohne Unterbrechung. Sehr gesellig, zur Brutzeit jagen oft mehrere Mauersegler in einem dichten Pulk mit rasender Geschwindigkeit und durchdringend lärmend um die Häuser. Nahrungssuche bei schlechtem Wetter oft niedrig über Wasserflächen oder Feuchtgebieten.
Nahrung Ausschließlich kleine fliegende Insekten und Spinnen; vor allem Fliegen, Hautflügler, Blattläuse, Käfer.
Brut Mai–August, 1 Brut; nistet in dunklen Hohlräumen, oft in Mauerlöchern oder unter Dächern; das Nistmaterial, Halme, Blätter, Haare und andere Stoffe, wird im Flug aufgelesen .

> Rauchschwalbe S V–VIII

Schleiereule *Tyto alba*

Familie Schleiereulen *Tytonidae*

Typisch Der auffallend helle, herzförmige Gesichtsschleier. Rein nachtaktiv.
Merkmale Eine helle Eule mit langen Beinen, schwarzen Augen und ohne Federohren. Im Flug fallen die langen, schlanken Flügel und die sehr helle Unterseite auf.
Stimme Am Schleiereulen-Brutplatz hört man ab Februar/März die ganze Nacht hindurch schnarchende und kreischende Laute; der Reviergesang des ♂ klingt heiser und kreischend wie „chrührührüh …".

Vorkommen In Mitteleuropa fast ausschließlich Kulturfolger; brütet in ungestörten Kirchtürmen, Scheunen, Dachstühlen und ähnlichen Schlupfwinkeln, die auch freien An- und Abflug gewähren. Jagt auf offenen Flächen. Große Bestandseinbußen durch schneereiche Winter und in feldmausarmen Jahren; leidet stark unter Nistplatzmangel, Intensivierung der Landwirtschaft und Verlusten durch Fahrzeuge und Leitungen. Bei uns im Tiefland weit verbreitet, aber selten in größerer Dichte.
Nahrung Hauptsächlich Feldmäuse, auffallend viel Spitzmäuse, vor allem in feldmausarmen Jahren; andere Kleinsäuger, wenig Vögel.
Brut April–September, 1–2 (3) Bruten; nistet in ruhigen Nischen von Gebäuden und in speziellen Schleiereulen-Nistkästen, häufig in Kirchtürmen.

~ Haustaube J I–XII

Steinkauz *Athene noctua*

Familie Eulen *Strigidae*

Typisch Sitzt häufig am Tage auf Zaunpfählen oder Leitungsmasten.
Merkmale Kleine, gedrungene und kurzschwänzige Eule mit flachem Oberkopf und großen, gelben Augen; fliegt spechtartig in Bögen.
Stimme Ruft bei Gefahr laut und durchdringend „quiu", „quitt" oder „kja". Den Reviergesang des ♂, ein lang gezogenes, nasales, „guhg", hört man bereits ab März.
Vorkommen Brütet in der offenen Landschaft mit einzelnen Bäumen, Baumgruppen oder Alleen; gerne in Wiesen- und Weidegebieten mit Kopfweiden, Obstbäumen und am Rand von kleinen, lichten Wäldchen; auch an Dorfrändern und in Obstgärten. Fehlt im geschlossenen Wald und oberhalb 700 m Höhe. Bei uns im Tiefland weit verbreitet, aber drastischer Rückgang.
Verhalten Vorwiegend dämmerungs- und nachtaktiv, oft auch am Tage zu beobachten; jagt vom Ansitz aus oder in niedrigem Suchflug.
Nahrung Vor allem Feld- und Waldmäuse, daneben Vögel (meist Junge) wie Sperlinge, Ammern, Lerchen, Stare; Frösche, Eidechsen, Regenwürmer, Käfer, Heuschrecken.
Brut April–Juni, 1 Brut; nistet in Baumhöhlen, Mauernischen und Nisthöhlen (Steinkauzröhren).

< Haustaube J I–XII

Raufußkauz *Aegolius funereus*
Familie Eulen *Strigidae*

TYPISCH Der nächtliche Reviergesang, verrät ab Februar den heimlichen Kauz.
MERKMALE Kleiner Kauz mit großem, rundem Kopf; Gesichtsschleier relativ ausgeprägt, an den Kopfseiten dunkelbraun eingefasst; Gefieder auf der Oberseite dunkelbraun mit vielen weißen Flecken; Füße bis zu den Krallen befiedert (Name!). Jungvögel (unten) schokoladebraun, Flügel und Schwanz mit weißen Flecken. Im Flug erscheinen die Flügel und der Schwanz relativ lang; Flugbahn gerade, nicht wellenförmig wie beim Steinkauz.

STIMME Ruft bei Beunruhigung scharf „zjuck“. Der Reviergesang des ♂, ein flötendes, leicht vibrierendes und etwas anschwellendes „u-u-u-u-u“, ist oft mehrere 100 m weit zu hören.
VORKOMMEN Brütet in reich strukturierten Waldgebieten mit älteren, höhlenreichen Buchen- oder Kiefernbeständen, dichtem Fichtendickicht für die Tagesruhe und kleinen Mooren oder Kahlschlägen für den Beuteerwerb.
VERHALTEN Ausgeprägt nachtaktiv.
NAHRUNG Hauptsächlich Rötel-, Erd- und Waldmäuse, daneben Spitzmäuse, andere Kleinsäuger und Vögel.
BRUT März–Juni, 1 Brut; nistet vor allem in alten Schwarzspechthöhlen, bei uns auch in speziellen Nistkästen.

< Haustaube J I–XII

Sperlingskauz *Glaucidium passerinum*
Familie Eulen *Strigidae*

Typisch Kleinste Eule Europas.
Merkmale Kleiner Kopf mit flacher Stirn, ohne ausgeprägten Gesichtsschleier. Fliegt spechtartig in Bögen oder gerade. Kleines Foto Jugendkleid.
Stimme Bei Gefahr einzeln oder gereiht „gju“; das ♀ lässt häufig ein feines „tsiii“ hören. Der Reviergesang während der Brutzeit ist leicht nachpfeifbar „pjü pjü pjü ...“, außerhalb der Brutzeit von ♂ und ♀ eine schnell ansteigende Reihe von hellen Pfeiftönen („Tonleiter“).
Vorkommen Brütet in aufgelockertem, hochstämmigem Nadel- und Mischwald, meist am Rand von Lichtungen oder kleinen Mooren. Bei uns weit verbreitet, aber nicht häufig.
Verhalten Vorwiegend dämmerungsaktiv, aber vielfach auch am Tage zu beobachten. Sitzt oft auch auf der Spitze einer Fichte und macht mit dem Schwanz ruckartige Bewegungen. Jagt vom Ansitz aus Kleinsäuger oder im Überraschungsangriff Kleinvögel.
Nahrung Überwiegend Kleinsäuger wie Erd- und Rötelmäuse; besonders im Winter Vögel, vor allem Meisen, Goldhähnchen und Finken.
Brut April–Juni, 1 Brut; nistet meist in alten Bunt- und Dreizehenspechthöhlen, die in Fichten angelegt sind.

< Amsel J I–XII

Waldohreule *Asio otus*

Familie Eulen *Strigidae*

Typisch Die langen Federohren, die jedoch angelegt werden können und dann nicht mehr sichtbar sind.
Merkmale Schlanke und langflügelige Eule mit orangegelben Augen.
Stimme Der Gesang des ♂, ein ziemlich weit hörbares, dumpfes „huh", ist bereits im Februar zu hören; bei Gefahr ein laut bellendes „uäk", oft auch gereiht. Die Standortrufe der Jungen sind hoch und etwas klagend „zieh".

Vorkommen Brütet häufig in lichten Wäldern, an Waldrändern, in Windschutzhecken, Parks und Feldgehölzen; meidet jedoch die Innenbereiche größerer Waldflächen. Jagt in offener Landschaft mit niedriger Vegetation. Übernachtet im Winterhalbjahr oft in Schlafgemeinschaften von über 20 Vögeln, auch in Parks und Friedhöfen, manchmal sogar in Gärten.
Verhalten Sitzt am Tage in aufrechter, schlanker Haltung auf einem Baum, meist dicht am Stamm.
Nahrung Hauptsächlich Wühlmäuse – bei uns zu über 80% Feldmäuse –, daneben Waldmäuse und verschiedene Kleinvögel.
Brut März–Juni, 1 Brut; nistet vorwiegend in alten Rabenkrähen- und Elsternnestern, gelegentlich auch in Greifvogel- und Eichhörnchennestern.

~ Haustaube J I–XII

Waldkauz *Strix aluco*

Familie Eulen *Strigidae*

Typisch Sitzt oft im Sonnenschein vor dem Eingang seiner Höhle.

Merkmale Eine gedrungene Eule mit großem, rundem Kopf und dunklen Augen; tritt in zwei Färbungsvarianten auf, einer rindenfarbig grauen und einer selteneren rotbraunen. Wirkt auch im Flug gedrungener als die Waldohreule, die Flügelunterseite der ziemlich breiten Flügel ist quer gebändert.

Stimme Der Reviergesang des ♂, ein schauriges, tremolierendes „huuu-huhuhuuhu", ist bereits im Herbst und Winter, vorwiegend aber im zeitigen Frühjahr zu hören. Das ♀ ruft häufig laut und durchdringend „kuwitt".

Vorkommen Brütet in nicht zu dichtem Laub- und Mischwald, der an offene Flächen oder Gewässer grenzt, auch in Parks, Friedhöfen und in Gärten mit alten Laubbäumen.

Verhalten Jagt vom Ansitz aus oder im Suchflug; schreckt Vögel auch am Schlafplatz auf, um sie dann im Flug zu erbeuten. Während der Jungenaufzucht auch gegen den Menschen aggressiv, greift in Nestnähe manchmal sogar an.

Nahrung Sehr vielseitig; vorwiegend Feld- und Waldmäuse, aber auch Vögel, Rötelmäuse, Ratten, Spitzmäuse, Frösche, Kröten, Fische und Käfer.

Brut März–Mai, 1 Brut; nistet in Baumhöhlen, seltener in alten Greifvogelnestern oder Gebäuden.

> Haustaube J I–XII

Wendehals *Jynx torquilla*

Familie Spechte *Picidae*

Typisch Der etwas an den Baumfalken erinnernde Reviergesang.
Merkmale Ein baumrindenartig gemusterter Specht, der mit seinem kurzen Schnabel wie ein Singvogel wirkt.
Stimme Ruft bei Revierstreitigkeiten zischend „gschrie“ oder „wät-wät ...“, bei Störung an der Bruthöhle “tep-tep-tep...“. Der Gesang, ein monotones und etwas klägliches, im Verlauf anschwellendes „gje-gje-gje ...“, ist von ♂ und ♀ zu hören, oft auch im Duett.
Vorkommen Brütet in lichten Laubwäldern, Feldgehölzen, Parks, Alleen und Obstgärten, an Flussufern und in Feuchtgebieten mit lockerem Baumbestand oder mit Einzelbäumen; meidet das Innere von geschlossenen Waldgebieten; häufig in Brutnachbarschaft mit dem Grünspecht; Nahrungssuche am Boden. Bei uns weit verbreitet, aber nirgends häufig. Außerhalb der Brutzeit häufig auch in unbewaldeter Landschaft und in Gärten anzutreffen.

Verhalten Bearbeitet mit dem Schnabel Ameisenhaufen, um mit seiner langen, klebrigen Zunge die Ameisenpuppen aus dem Innern zu holen. Bei Bedrohung schlangenartige Bewegungen von Hals und Kopf.
Nahrung Insekten, vor allem Puppen kleinerer Ameisenarten.
Brut Mai–August, 1–2 Bruten; Gelege in Baumhöhlen und Nistkästen.

< Amsel S IV–IX

Schwarzspecht *Dryocopus martius*

Familie Spechte *Picidae*

Typisch Ein schwarzer Specht mit sehr kräftigem, hellem Schnabel.
Merkmale ♂ mit roter Kopfplatte, ♀ (kleines Foto) nur am Hinterkopf rot. Die Zunge ist relativ kurz und ragt nur etwa 5 cm über die Schnabelspitze hinaus. Fliegt geradlinig mit unregelmäßigen Flügelschlägen ähnlich Hähern.
Stimme Der typische Flugruf ist weit hörbar und klingt wie „prrü-prrü-prrü ...", nach der Landung ertönt häufig ein abfallendes „kliööööh"; der Reviergesang im Frühjahr klingt wie „kwikwikwi ...". Trommelt laut und weit hörbar mit relativ langsamer Schlagfolge.
Vorkommen Brütet in abwechslungsreichen Misch- und Nadelwäldern mit Altbaumbeständen; Bruthöhle meistens in alten Buchen oder Kiefern; bei uns weit verbreitet in größeren Waldgebieten.
Verhalten Legt bei der Nahrungssuche mit kräftigen Schnabelhieben die im Holz lebenden Insekten frei; oft findet man in kernfaulen Fichten seine Hackspuren – längliche, tiefe Löcher.
Nahrung Vor allem große Ameisen und holzbohrende Käfer.
Brut März–Juni, 1 Brut; zimmert eine große Höhle mit hochovalem Schlupfloch (7–15 m Höhe); bezieht oft auch alte Höhlen.

< Rabenkrähe J I–XII

Grünspecht *Picus viridis*

Familie Spechte *Picidae*

TYPISCH Die laute und schallend lachende Gesangsstrophe.
MERKMALE Ein großer, oberseits grün gefärbter Specht mit leuchtend rotem Scheitel; Bartstreif beim ♂ rot, schwarz eingerahmt, beim ♀ schwarz. Jungvögel sind unterseits – außer an Kopf und Hals – kräftig quer gebändert, die Oberkopffärbung ist mehr orange. Im Flug fällt vor allem der gelbgrüne Bürzel auf.
STIMME Ruft im Flug und in Höhlennähe hart „kjäck" oder „kjückjückjückjück". Der lachende Reviergesang „klü-klü-klü ..." sinkt im Gegensatz zur Grauspechtstrophe nicht ab; die Strophen der ♀ klingen weicher und sind leiser. Trommelt nur sehr selten, die einzelnen Wirbel sind kurz.
VORKOMMEN Brütet in Randbereichen von Laub- und Mischwald, in Feldgehölzen, Obstgärten, Parks und Gärten mit altem Baumbestand; in den Alpen auch im Nadelwald. Bei uns weit verbreitet, aber nur mäßig häufig.

VERHALTEN Hackt im Winter bis 10 cm tiefe Löcher in Ameisenhaufen.
NAHRUNG Hauptsächlich Ameisen, gelegentlich andere Insekten, Würmer und Schnecken, Obst.
BRUT April–Juli, 1 Brut; nistet gerne in alten Höhlen; neue Höhlen werden in faules Holz gezimmert.

< Haustaube J I–XII

Grauspecht *Picus canus*

Familie Spechte *Picidae*

Typisch Die laute, abfallende Gesangsstrophe, die vor allem im Frühjahr zu hören ist.

Merkmale Etwas kleiner als der Grünspecht, Gefieder besonders an Kopf und Hals mehr grau, schmalerer Bartstreif; beim ♂ (oben) sind Stirn und Vorderscheitel intensiv rot, beim ♀ (kleines Foto) fehlt das Rot völlig.

Stimme Ruft im Kontakt mit Artgenossen rau „kjü“, bei Auseinandersetzungen gepresst „kjük“. Den Reviergesang von ♂ und (seltener) ♀, eine abfallende Reihe aus wohlklingenden „gü-gü-gü ...“-Lauten, kann man gut nachpfeifen. Schon im Winter sind die Trommelwirbel des ♂ zu hören (Dauer 2 sec, 20 Schläge pro sec).

Vorkommen Brütet in aufgelockerten Laub- und Mischwäldern, häufig in Buchen- und Auwäldern, in Feldgehölzen, Parks, Obstgärten und Friedhöfen; im Gebirge auch im Nadelwald bis in rund 1300 m Höhe. Bei uns weit verbreitet.

Verhalten Lebt versteckt; außerhalb der Brutzeit kaum gesellig; wenig scheu. Besucht im Winter Futterstellen.

Nahrung Vorwiegend Ameisen und deren Puppen; andere Insekten, Obst, Samen und Fettfutter an Futterstellen.

Brut April–Juli, 1 Brut; selbst gezimmerte Höhle in meist morschen Laub- und seltener in Nadelbäumen; übernimmt auch alte Spechthöhlen.

> Buntspecht J I–XII

Buntspecht *Dendrocopus major*

Familie Spechte *Picidae*

Typisch Der häufigste und am weitesten verbreitete Specht Europas

Merkmale Gefieder kontrastreich schwarzweiß, auffallende weiße Schulterflecken; Unterschwanzdecken kräftig rot, Flanken ungestrichelt. ♂ (oben) mit rotem Fleck am Hinterkopf, ♀ kleines Foto. Jungvögel mit rotem Scheitel. Flugbahn bogenförmig.

Stimme Ruft das ganze Jahr über hart und metallisch „kick" oder „kix", bei Erregung schnell wiederholt; im Frühjahr hört man von ♂ und ♀ während der Verfolgungsspiele oft ein heiseres Gezeter. ♂ und ♀ trommeln auf trockenen Ästen, aber auch an Holzmasten, Sirenen und Blechdächern; Trommelwirbel kurz (ca. 0,5 sec lang und am Anfang betont); Schlagfolge zum Ende schneller.

Vorkommen Brütet in allen Arten von Wäldern, besonders mit Eichen und Hainbuchen, daneben in Feldgehölzen, Parks und Gärten mit Baumbestand, oft auch mitten in Dörfern und sogar in der Großstadt.

Nahrung Im Sommer hauptsächlich im Holz lebende Insekten und deren Larven, andere Insekten, Jungvögel, Eier, Früchte; im Winterhalbjahr Nadelbaumsamen, Nüsse, Talg.

Brut April–Juni, 1 Brut; zimmert jedes Jahr eine neue Höhle, meist in kranken Bäumen; schafft somit Wohnraum für viele Höhlenbrüter.

< Amsel J I–XII

Kleinspecht *Dendrocopus minor*

Familie Spechte *Picidae*

TYPISCH Kleinster Specht Europas.
MERKMALE Schwacher Schnabel; Rücken schwarzweiß quer gebändert, Unterseite ohne Rot. ♂ mit rotem, schwarz umrandetem Scheitel, ♀ (kleines Foto) ganz ohne Rot im Gefieder.
STIMME Der Reviergesang, ein helles „ki-ki-ki ..." erinnert etwas an die Strophe des Turmfalken; meistens im Frühjahr zu hören. ♂ und ♀ trommeln in langen und schwachen, gleichmäßigen Wirbeln (Dauer 1–1,5 sec) auf dünnen Ästen, oft sehr hoch auf Laubbäumen.

VORKOMMEN Brütet in aufgelockerten Laub- und Mischwäldern, gerne in Bruch- und Auwäldern und in flussbegleitenden Gehölzen; auch in Parks mit alten Weiden oder Pappeln und in Obstgärten. Bei uns im Tiefland weit verbreitet, aber nicht häufig.
VERHALTEN Klettert häufig in spechttypischer Längsrichtung an dünnen Ästen und Zweigen, vor allem im Kronenbereich der Bäume. Zieht im Winter oft mit Kleinvögeln umher.
NAHRUNG Vor allem auf Blättern und Zweigen lebende Insekten und deren Larven; im Winter hauptsächlich Käfer, die unter der Rinde überwintern; an Futterstellen Sonnenblumenkerne.
BRUT April–Juni, 1 Brut; Nisthöhle in krankem oder totem Holz, oft auch in relativ schwachen Ästen mit Schlupfloch an der Unterseite.

~ Haussperling J I–XII

Pirol *Oriolus oriolus*

Familie Pirole *Oriolidae*

Typisch Die auffallende gelb-schwarze Färbung und der leicht nachzupfeifende Gesang des ♂.

Merkmale Ohne Kenntnis der Stimme oft schwer zu entdecken. ♂ unverkennbar schwarz und gelb, ♀ (unten) und Jungvögel mit grünlicher Oberseite und hellgrauer, schwach gestreifter Unterseite, Flügel und Schwanz schwarzbraun.

Stimme Ruft bei Beunruhigung rau und gepresst „krää" oder „grewäh". Gesang: ein angenehm flötendes, leicht nachzupfeifendes „düdlio".

Vorkommen Brütet in alten Laubwäldern, in Auwäldern, Parks und Alleen mit altem Laubbaumbestand; gebietsweise auch in Kiefernwald; bei uns im Flachland weit verbreitet, aber nicht häufig und vielerorts fehlend.

Verhalten Scheu; lebt zur Brutzeit sehr versteckt im Blätterdach der Bäume. Fliegt schnell und in großen, flachen Bögen, das letzte Stück, bevor er in einer Baumkrone landet, pfeilartig und mit angelegten Flügeln.

Nahrung Größere Insekten, deren Larven (Raupen), Beeren, Obst.

Brut Mai–Juli, 1 Brut; kunstvolles Napfnest aus Grashalmen, Bast und manchmal Papier, in eine Astgabel oder zwischen zwei waagrechte Zweige geflochten, meist hoch auf Laubbäumen.

< Amsel S V–IX

Neuntöter *Lanius collurio*

Familie Würger *Laniidae*

Typisch Sitzt in aufrechter Haltung exponiert auf Buschspitzen.

Merkmale ♂ auffällig gefärbt, der dicke schwarze Augenstreif ist oft schon von weitem erkennbar; ♀ (kleines Foto) mit rotbrauner Oberseite und heller, quer gewellter Unterseite. Jungvögel mit kräftiger Schuppenzeichnung.

Stimme Ruft bei Störung „dschää", „gäck" oder hart „trrt-trrt", oft auch nasal „dewewi". Gesang selten zu hören, abwechslungsreich schwätzend, mit gepressten Lauten; häufig mit eingeflochtenen Imitationen anderer Vogelstimmen. Wenn das ♀ in der Nähe ist, erfolgen die Gesangsstrophen deutlich hastiger zwitschernd. Die Bettelrufe der flüggen Jungen sind laut und durchdringend wie „quää".

Vorkommen Brütet in Moor- und Heidegebieten, an Waldrändern mit Dornengebüsch, in der kleinräumigen Kulturlandschaft mit breiten, möglichst dornigen Hecken und einzelnen Büschen. Gebietsweise in Parks.

Verhalten Fliegt geradlinig, rüttelt manchmal; bei Erregung drehende Schwanzbewegungen. Spießt bei Nahrungsüberschuss Beutetiere auf Dornen und Stacheldraht auf.

Nahrung Großinsekten, Eidechsen, Jungvögel, junge Mäuse.

Brut Mai–Juli, 1 Brut; Nest in dornigen Büschen, 1–3 m hoch.

< Amsel S V–IX

Elster *Pica pica*

Familie Krähenvögel *Corvidae*

Typisch Das glänzend schwarzweiße Gefieder und der lange, stufige Schwanz; schackernde Rufe.
Merkmale Im Flug fällt das weiße Handschwingenfeld auf (kleines Foto). Jungvögel mit viel kürzerem Schwanz, Gefieder noch kaum glänzend.
Stimme Ruft häufig schackernd „schakschakschak" oder „tscharrakakak", auch „kekekekek" oder „jekjekjek". Gesang: ein rau gurgelndes Schwätzen, mit schnarrenden, gepressten und pfeifenden Lauten.

Vorkommen Brütet in der offenen Landschaft mit Hecken, Feldgehölzen und Alleen; in Dörfern, Parks und Gärten mit Baumbestand, auch mitten in der Stadt; meidet geschlossenen Wald; im Gebirge bis rund 1500 m Höhe. Bei uns weit verbreitet und häufig.
Verhalten Läuft am Boden in wackelndem Gang; wachsam und scheu; gesellig, meist paarweise oder in kleinen Trupps.
Nahrung Würmer, Schnecken, Insekten, Früchte, Samen, Abfälle, Eier, Jungvögel, Mäuse, Frösche.
Brut April–Juni, 1 Brut; großes, überdachtes Reisignest mit seitlichem Eingang, mit Erde verfestigt; meist hoch in Bäumen oder Büschen.

< Rabenkrähe J I–XII

Dohle *Corvus monedula*

Familie Krähenvögel *Corvidae*

Typisch Die hellen Rufe.
Merkmale Gefieder überwiegend schwarz, Nacken und Hinterkopf grau, Augen hell. Jungvögel mit bräunlichschwarzem Gefieder.
Stimme Ruft häufig kurz und laut „kja" oder „kjak", auch gereiht, daneben schnarrend „kjerr", bei Bedrohung hoch „jüb". Gesang selten zu hören; ein leises Schwätzen mit knackenden Tönen und miauenden Lauten.
Vorkommen Brütet in Laubwäldern mit Schwarzspechthöhlen, in Felswänden und Steinbrüchen, in Feldgehölzen und Parks mit altem Baumbestand, an Kirchen, Burgen und Ruinen; gebietsweise häufig, fehlt aber vielerorts.
Verhalten Lebenslange Paarbindung; sehr gesellig. Nahrungssuche meist in kleinen Trupps auf offenem Gelände. Dohlen fliegen oft in Saatkrähenschwärmen mit, sie fallen neben der geringeren Größe durch ihre helleren Rufe und schnelleren Flügelschläge auf.

Der weltberühmte Verhaltensforscher Konrad Lorenz studierte das Sozialverhalten von Dohlen sehr intensiv.
Nahrung Insekten, Würmer, Schnecken, Früchte, Samen, Körner, Jungvögel, Mäuse, Abfälle.
Brut April–Juni, 1 Brut; Kolonienbrüter in Baumhöhlen, Felsspalten und -nischen, Mauerlöchern und Nistkästen; oft großes Reisignest.

< Rabenkrähe T, W I–XII

Eichelhäher *Garrulus glandarius*

Familie Krähenvögel *Corvidae*

Typisch Die auffällig blau-schwarz gebänderten Flügelfedern.
Merkmale Oberkopf gestrichelt, zu einer Haube aufstellbar, schwarzer Bartstreif. Die weißen Abzeichen an Flügeln und Schwanz fallen besonders im Flug und beim Abflug auf.
Stimme Ruft bei Erregung laut und rau kreischend „rrää", oft mehrfach wiederholt, auch „schrähi" und leise „gahi", häufig ein bussardähnliches „hii-ä". Gesang sehr abwechslungsreich, leise schwätzend, mit bauchrednerischen Lauten und mit Imitationen.
Vorkommen Brütet vor allem in Misch- und Laubwäldern, in Parks und Gärten mit größerem Baumbestand, seltener in Nadelwald; in den Alpen bis rund 1700 m Höhe. Fast überall häufiger Brutvogel.
Verhalten Fliegt langsam und mit unregelmäßigen Flügelschlägen; hüpft zur Nahrungssuche oft auf dem Boden; im Winterhalbjahr vielfach in kleinen, locker zusammenhaltenden Trupps, besucht auch Futterstellen für Kleinvögel.
Nahrung Vielseitig; vor allem Samen, Eicheln, Nüsse, Bucheckern, Insekten, Würmer, Jungvögel, Eier.
Brut April–Juni, 1 Brut; relativ kleines, flaches Nest meist gut versteckt in Bäumen oder Büschen.

< **Rabenkrähe T I–XII**

Tannenhäher *Nucifraga caryocatactes*

Familie Krähenvögel *Corvidae*

Typisch Der heisere und etwas nasale Ruf „grährr-grähr“.

Merkmale Im Flug fallen die breiten, abgerundeten Flügel, der kurze Schwanz mit weißer Endbinde und die signalweißen Unterschwanzdecken auf.

Stimme Der typische Ruf wird häufig mehrfach wiederholt, daneben oft ein dohlenartiges „jäk jäk“. Gesang unbedeutend, leise schwätzend und nur selten zu hören; mit Imitationen anderer Vogelstimmen untermischt.

Vorkommen Brütet in Nadel- und Mischwäldern der Alpen bis 2000 m Höhe und in den Mittelgebirgen; im Winter oft in den Alpentälern, in manchen Jahren bei uns invasionsartige Einflüge von Tannenhähern der dünnschnäbeligen sibirischen Unterart *N. c. macrorhynchos.*

Verhalten Sitzt häufig auf den höchsten Baumspitzen; fliegt langsam und etwas unregelmäßig; legt im Herbst Vorratslager von Arven- und anderen Baumsamen an.

Nahrung Vor allem Nüsschen der Zirbelkiefer (Alpen und Sibirien) und Haselnüsse (sonst in Europa); daneben Bucheckern, Beeren, im Sommer auch verschiedene Insekten.

Brut März–Mai, 1 Brut; Nest aus Reisig, Gräsern und Flechten, mit etwas Erde verfestigt, hoch auf Nadelbäumen.

< Rabenkrähe | I–XI

Saatkrähe *Corvus frugilegus*

Familie Krähenvögel *Corvidae*

Typisch Die unbefiederte Schnabelwurzel der Altvögel; Jungvogel rechts..
Merkmale Gefieder schwarz, metallisch blau schillernd; Kopf mit steiler Stirn, wirkt eckig; das Bauch- und Schenkelgefieder steht im Gegensatz zu dem der Rabenkrähe meist locker ab.
Stimme Ruft tiefer und rauer als die Rabenkrähe: „kroh", „krah" oder „korr", daneben „kja" und ein mechanisch klingendes „krrr". Gesang schwätzend und schnarrend mit metallischen und krächzenden Lauten durchsetzt.
Vorkommen Offene Kulturlandschaft mit Gehölzen, Ränder von Laub- und Nadelwäldern, Parks, auch in größeren Städten. Brütet bei uns nur gebietsweise (im Tiefland).
Verhalten Sehr gesellig, im Winter häufig große Schwärme von Saatkrähen aus nördlichen und östlichen Brutgebieten, die auf Feldern, in Parks und Anlagen Nahrung suchen.
Nahrung Insektenlarven wie Raupen und Drahtwürmer; Schnecken, Mäuse, Samen, Pflanzenteile, Abfälle.
Brut März–Mai, 1 Brut; Koloniebrüter in Baumkronen; großes Nest aus Zweigen, Halmen und Erde.

~ Rabenkrähe T, W I–XII

Rabenkrähe *Corvus corone corone*

Familie Krähenvögel *Corvidae*

Typisch Anpassungsfähiger Kulturfolger, überall häufig.

Merkmale Rabenkrähe und Nebelkrähe (*C. c. cornix*) werden oft als Unterarten derselben Art, der Aaskrähe (*C. corone*) angesehen. Bei der Nebelkrähe (unten) sind Rücken und Unterseite hellgrau. In der Überlappungszone treten Mischlinge beider Formen auf.

Stimme Ruft häufig „kräh", „wärr", „kirrk" oder „konk", bei Gefahr kurz „krr". Gesang bauchrednerartig schwätzend mit pfeifenden und kreischenden Lauten und mit zahlreichen Imitationen untermischt.

Vorkommen Brütet häufig in offener Kulturlandschaft, in Mooren, an der Küste, in Parks und Gärten, auch innerhalb der Stadt; im Gebirge bis 2000 m Höhe. Östlich der Elbe, in Teilen der Südschweiz und in Ostösterreich ist die Nebelkrähe heimisch.

Verhalten Meist paarweise oder in Trupps, aber nie in riesigen Schwärmen wie Saatkrähen.

Nahrung Würmer, Schnecken, Insekten, Mäuse, Eier, Jungvögel, Aas, Früchte, Pflanzenteile, Abfälle.

Brut März–Juni, 1 Brut; großes, stabiles Nest aus Zweigen und Erde, meist hoch auf Bäumen.

Bezugsart J I–XII

Blaumeise *Parus caeruleus*
Familie Meisen *Paridae*

Typisch Der einzige einheimische Kleinvogel mit blau-gelbem Gefieder.
Merkmale Klein und gedrungen mit kurzem Schnabel; ♀ etwas blasser, mit grünlich brauner Oberseite und gelben Wangen. Jungvögel noch blasser.
Stimme Ruft bei Störung häufig nasal ansteigend „tserretetet", daneben „tsi-tsi-tsi". Gesang: Strophen von sehr hellen und reinen Tönen, auf die tiefere, trillernde Reihen folgen wie „zii-zii-tü-tütütü ..." oder „zizizizizirr".

Vorkommen Brütet in Laub- und Mischwäldern, besonders mit Eichenbestand, in Feldgehölzen, Parks und Gärten. Im Winter zur Nahrungssuche häufig im Schilf. Bei uns überall häufig.
Verhalten Sehr lebhaft; turnt geschickt an dünnen Zweigen, auch mit dem Bauch nach oben; wenig scheu; außerhalb der Brutzeit oft in gemischten Meisentrupps. Singt bereits ab Februar, fliegt während der Balz oft kurze Strecken in schmetterlingsartigem Segelflug.
Nahrung Insekten, deren Larven, Spinnen, feine Samen; Talg, Nüsse.
Brut April–Juni, 1–2 Bruten; filziges Nest aus weichen Pflanzenteilen, Wolle, Haaren und Federn; in Baumhöhlen, Nistkästen, Mauerlöchern, gelegentlich auch in Briefkästen oder an ähnlichen ausgefallenen Standorten.

< Haussperling J I–XII

Kohlmeise *Parus major*

Familie Meisen *Paridae*

Typisch Die größte und häufigste einheimische Meise.
Merkmale Auffällig schwarzweißer Kopf, gelbe Unterseite mit breitem (♂ kleines Foto) oder mit schmalem (♀ oben) Längsstreif in der Mitte. Jungvögel mit gelblichen Wangen, sonst am Kopf schwarzbraun gefärbt, insgesamt weniger kontrastreich.
Stimme Vielseitiges Repertoire; ruft häufig buchfinkenartig „pink“ oder „zi-pink“, Warnruf schnarrend „tscher-r-r-r“ oder „terrr terrr“; daneben „zituit“ und gedehnt „sii“; ahmt häufig die Rufe von Blau-, Sumpf- und Tannenmeise nach. Gesang: einfache Strophen von mehrfach wiederholten Motiven, z. B. „zi-zi-be-zi-zi-be“ oder „zipe zipe“.

Vorkommen Brütet in Wäldern aller Art, in Parks und Gärten, auch mitten in der Großstadt.
Verhalten Wenig scheu; gebietsweise sogar futterzahm; häufiger als andere Meisen auf dem Boden; besucht häufig Futterstellen.
Nahrung Insekten, deren Larven, Spinnen, Samen, Nüsse, Talg.
Brut April–Juli, 1–2 Bruten; Nest aus Moos, Wurzeln, Halmen und Wolle, innen mit Haaren und Pflanzenwolle ausgepolstert; meist in Baumhöhlen, Mauerlöchern und Nistkästen.

< Haussperling J I–XII

Haubenmeise *Parus cristatus*

Familie Meisen *Paridae*

Typisch Die schwarzweiß gesprenkelte Federhaube.

Merkmale Oberseite braun, Unterseite weißlich mit rahmfarbenen Flanken, Jungvögel (unten) mit kürzerer und matter gefärbter Haube.

Stimme Ruft bei Erregung häufig schnurrend und rollend „gürrr" oder „zi-zi-gürrrr-r". Gesang: eine Folge der arttypischen Rufe, selten auch ein variables Schwätzen.

Vorkommen Brütet im Kiefern-, Fichten- und Tannenwald bis zur Baumgrenze, auch in kleinen Nadelwaldinseln im Laubwald; sehr standorttreu. Bei uns weit verbreitet, aber deutlich seltener als die Tannenmeise.

Verhalten Turnt wie die Tannenmeise oft hoch auf Nadelbäumen, aber mehr in Deckung, daher nicht so leicht zu beobachten; wenig gesellig, auch außerhalb der Brutzeit in der Regel paarweise; erscheint an Futterhäusern nur im Nadelwald.

Nahrung Insekten, deren Larven, Spinnen, Nadelbaumsamen, Nüsse.

Brut April–Juni, 1–2 Bruten; Nest aus Moos und Flechten, innen mit Wolle und Haaren ausgekleidet; nistet in engen Baumhöhlen, in Baumstümpfen, gelegentlich auch in alten Eichhornkobeln und sogar in bewohnten Greifvogelhorsten. Die Meisen zimmern sich ihre Bruthöhlen meistens selbst.

< Haussperling J I–XII

Tannenmeise *Parus ater*

Familie Meisen *Paridae*

Typisch Kleinste einheimische Meise, knapp blaumeisengroß.
Merkmale Relativ großer Kopf, auffallend weiße Wangen, großer weißer Nackenfleck. Bei Jungvögeln (kleines Foto) Unterseite und Wangen gelblich.
Stimme Kontaktrufe hoch und dünn „si" oder „zizizi", bei Erregung hoch und etwas nasal „tüi" oder „sitjü". Gesang: zarte Strophen wie „zewizewizewi" oder „sitüi-sitüi-sitüi". Der Gesang ist das ganze Jahr über zu hören, auch die ♀ singen nicht selten.
Vorkommen Brütet in Fichten- und Tannenwald, seltener in Kiefernwald, vom Tiefland bis zur Baumgrenze, ebenfalls in Parkanlangen und Gärten ; außerhalb der Brutzeit auch in Laubwäldern. Bei uns überall häufig.
Verhalten Turnt zur Nahrungssuche oft hoch in Nadelbäumen herum, bewegt sich rastlos, flink und geschickt. Außerhalb der Brutzeit häufig mit anderen Meisenarten und mit Wintergoldhähnchen in gemischten Trupps; besucht häufig Futterhäuschen.
Nahrung Insekten, deren Larven, Spinnen, Nadelbaumsamen, Nüsse.
Brut April–Juni, 2 Bruten; verfilztes Nest aus Moos und Spinnweben, mit Pflanzenwolle und Haaren gepolstert; nistet in Baumhöhlen, Baumstubben, Erd- und Mauerlöchern und in nicht zu hoch aufgehängten Nistkästen.

< Haussperling J I–XII

Weidenmeise *Parus montanus*

Familie Meisen *Paridae*

Typisch Die nasalen und gedehnten „däh"-Rufe.

Merkmale Sehr ähnlich der etwa gleich großen Sumpfmeise, aber Kopfplatte mattschwarz; diese reicht weiter in den Nacken und bewirkt ein dickköpfigeres Aussehen; Kehllatz zur Brust hin etwas ausgedehnter, Flanken etwas dunkler. Nur bei der Weidenmeise ein helles Flügelfeld (unten), das im Frühjahr jedoch allmählich verschwindet.

Stimme Typischer Ruf ist ein gedehntes, nasales „däh-däh-däh", oft auch „zi-zi-däh-däh-däh". Gesang: reintonige, etwas absinkende „zjü-zjü-zjü ..."-Reihen; die Alpenform der Weidenmeise singt auf gleicher Tonhöhe bleibend „zie-zie-zie ...". Gelegentlich ein grasmückenartiges Geschwätz.

Vorkommen Brütet in Wäldern auf sumpfigem Boden, besonders mit Erlen-, Weiden- und Birkenbestand, aber auch auf trockenen Lichtungen mit Jungwald; seltener in Gärten und Parks als die Sumpfmeise; die Alpenform besiedelt Nadel- und Mischwald bis zur Latschenregion. Bei uns in den Alpen und gebietsweise im Tiefland häufig.

Nahrung Insekten, deren Larven, Spinnen, kleine Samen.

Brut April–Mai, meist 1 Brut; dürftiges Nest aus Holzteilchen, Moos und Tierhaaren; zimmert meist eine Höhle in morsches Holz von Laubbäumen.

< Haussperling J I–XII

Sumpfmeise *Parus palustris*

Familie Meisen *Paridae*

Typisch Die glänzend schwarze, nicht so ausgedehnte Kopfplatte.
Merkmale Etwa blaumeisengroße „Graumeise" mit hellen Wangen und kleinem, schwarzem Kehllatz. Jungvögel mit mattschwarzer Kopfplatte.
Stimme Ruft häufig „zidjä", „pistjü" oder „pistja dädädädädä", die „dä"-Laute viel weniger gedehnt als bei der Weidenmeise. Gesang aus klappernden Strophen, z. B. „tjitjitjitji ...", „zjezjezje ..."; ein ♂ wechselt zwischen mehreren Strophentypen ab.

Vorkommen Brütet in Laub- und Mischwäldern, Feldgehölzen, Parks und Gärten; meist an trockeneren Stellen als die Weidenmeise. Bei uns weit verbreitet und meist häufig.
Verhalten Besucht im Unterschied zur Weidenmeise häufig Futterhäuschen; nimmt dort gerne Hanfsamen, von denen sie oft mehrere im Schnabel aufgereiht transportiert und dann einzeln in Rindenspalten, zwischen dürren Blättern oder an anderen Stellen versteckt.
Nahrung Insekten, deren Larven, Spinnen, Samen von Disteln und anderen Kräutern und Gräsern.
Brut April–Mai, 1 Brut; Nest aus Moos, Haaren und Federn in Baumhöhlen, ausgefaulten Astlöchern, zwischen Baumwurzeln, brüten nur selten in Nistkästen.

< Haussperling J I–XII

Heidelerche *Lullula arborea*

Familie Lerchen *Alaudidae*

Typisch Die volltönenden und stimmungsvollen Gesangsstrophen.

Merkmale Kleiner und deutlich kurzschwänziger als die Feldlerche; aus der Nähe sieht man die weißlichen, am Hinterkopf fast zusammenlaufenden Überaugenstreifen und das schwarzweiße Flügelabzeichen. Stellt bei Beunruhigung die sonst kaum sichtbare, rundliche Kopfhaube mehrmals auf.

Stimme Ruft sanft und melodisch „did-loi“ oder – bei Störung – „titroit“.

Der Gesang des ♂ enthält sehr viele verschiedene, meist melancholisch weiche und zum Schluss abfallende Strophen wie „dlidlidlidlidlidlidli“ oder „düdidüdidüdidüdidüdi“, die in einer festgelegten Anordnung aufeinander folgen.

Vorkommen Brütet vor allem auf Waldblößen in trockenen, lichten Kiefernwäldern und in nicht zu offenen Heidegebieten. Bei uns selten geworden; fehlt gebietsweise ganz.

Verhalten Die einzige Lerche bei uns, die häufig auf Bäumen sitzt. Oft sind die Spitzen kleiner Kiefern, die als bevorzugte Singwarten dienen, durch das Gewicht der Lerchen verbogen.

Nahrung Insekten, Spinnen, Knospen, grüne Pflanzenteile.

Brut März–Juni, 2–3 Bruten; sauber gefertigtes, gut verstecktes Bodennest mit tiefer Mulde.

~ Haussperling T III–X

Feldlerche *Alauda arvensis*

Familie Lerchen *Alaudidae*

TYPISCH Der lang anhaltende, tirilierende Gesang.
MERKMALE Gefieder oberseits tarnfarben; die Oberkopffedern können bei Erregung zu einer kleinen Haube gesträubt werden; Hinterrand der Flügel und Außenkanten des Schwanzes auffällig weiß gesäumt.
STIMME Ruft im Flug wohltönend und hart „tschrl" oder „tschriü"; der Gesang ist weit hörbar und wird fast ausschließlich im Singflug vorgetragen; trillernde, wirbelnde und flötende Abschnitte, die pausenlos aufeinander folgen; häufig Nachahmungen anderer Vogelarten, z. B. Rotschenkel und Waldwasserläufer.
VORKOMMEN Brütet in allen Arten von offener, weiträumiger Landschaft, vor allem auf Acker- und Weideland, niedrig bewachsenen Feldern und Feuchtwiesen. Bei uns überall häufig.
VERHALTEN Fliegt zum Singflug stumm auf und steigt ununterbrochen singend steil empor, um dann minutenlang singend hoch am Himmel zu „hängen"; kreist gelegentlich niedrig mit schwirrenden Flügelschlägen. Der Normalflug ist weich und bogenförmig.
NAHRUNG Insekten, Spinnen, Samen, grüne Pflanzenteile.
BRUT April–Juli, 2 Bruten; meist gut verstecktes Grasnest in einer selbst gescharrten Bodenmulde.

> **Haussperling T II–X**

Rauchschwalbe *Hirundo rustica*

Familie Schwalben *Hirundinidae*

Typisch Die häufigste Schwalbe in ländlicher Umgebung.

Merkmale Sehr schlank mit auffallend langen Schwanzspießen. Oberseite und Brustband metallisch blauschwarz, Stirn und Kehle rotbraun. Jungvögel matter gefärbt und mit kürzeren Schwanzspießen. Flug elegant und reißend, wirkt zielstrebiger als bei der Mehlschwalbe.

Stimme Ruft häufig hell „wid wid", bei Gefahr durchdringend und sehr hell „zidit", auch mehrfach gereiht. Gesang wohlklingend und ziemlich anhaltend zwitschernd und schwätzend, meist mit schnurrendem Schlussteil.

Vorkommen Überall häufig in Dörfern und offenem Kulturland, vor allem bei Einzelhöfen; Nahrungssuche meist im Grünland. Brütet im Gebirge bis in die Almenregion.

Verhalten Fliegt bei schlechtem Wetter oft bodennah oder knapp über Wasserflächen. Besonders außerhalb der Brutzeit sehr gesellig.

Nahrung Fliegende Kleininsekten.

Brut Mai–August 2–3 Bruten. Nistet meist im Innern von Gebäuden (Ställe und Scheunen) auf einer Konsole direkt an einer senkrechten Wand; schalenförmiges Nest aus Lehm und Halmen.

< Haussperling S IV–X

Mehlschwalbe *Delichon urbica*

Familie Schwalben *Hirundinidae*

Typisch Der weiße Bürzel und die reinweiße Unterseite.

Merkmale Gedrungener als die Rauchschwalbe, Schwanz nur schwach gegabelt und ohne lange Spieße; Oberseite metallisch blauschwarz, Jungvögel schwarzbraun, ohne Glanz. Fliegt wegen der höheren Flügelschlagfrequenz mehr flatternd als die Rauchschwalbe, häufig Gleitstrecken.

Stimme Ruft häufig „prrt", „trrtrr" oder „dschrb", bei Gefahr hoch und schrill „sier", oft auch gereiht. Gesang recht unauffällig und vokalarm zwitschernd, nicht so abwechslungsreich wie der Rauchschwalbengesang und ohne den schnurrenden Schlussteil.

Vorkommen Häufig in Dörfern und Siedlungen; in Städten zunehmend seltener; als ursprünglicher Felsbrüter auch in Steinbrüchen und im Gebirge .

Verhalten Jagt meist in größerer Höhe als die Rauchschwalbe; stets sehr gesellig. Übernachtet nicht im Schilf.

Nahrung Fliegende Kleininsekten.

Brut Mai–September, 2–3 Bruten; nistet in Kolonien aussen an Gebäuden, meist direkt unter dem Dach; sauber gemörteltes, halbkugeliges Lehmnest, bis auf ein kleines Einflugloch geschlossen, später weiter offen (kl. Foto).

< **Haussperling S IV–X**

Schwanzmeise *Aegithalos caudatus*

Familie Schwanzmeisen *Aegithalidae*

Typisch Der sehr lange, stufige Schwanz, der über die Hälfte der Körperlänge ausmacht.
Merkmale Mitteleuropäische Unterart (kleines Foto) mit breitem, schwärzlichem Überaugenstreif, nördliche und östliche Unterart mit reinweißem Kopf (oben). Jungvögel mit kürzerem Schwanz und dunklen Wangen.
Stimme Ruft häufig „tsri“, „sisisi“ oder „sitrr“, bei Erregung oft „tserr“ oder „tschrrt“, im Flug leise und ständig „pt“. Gesang selten zu hören, ein leises Potpourri aus zirpenden, zwitschernden und trillernden Lauten.
Vorkommen Brütet in unterholzreichen Wäldern, besonders an Gewässern; in Feld- und Moorgehölzen, Parks und Gärten. Bei uns mäßig häufig.
Verhalten Sehr gesellig, außerhalb der Brutzeit in kleinen Trupps, die durch ständigen Rufkontakt eng zusammenhalten; der Flug wirkt hüpfend.
Nahrung Kleine Insekten, Spinnen.
Brut April–Juni, 1–2 Bruten; sehr kunstvolles, eiförmiges Nest aus Moos, Flechten, Pflanzenwolle, Gespinsten, Federn und Haaren, in Bäumen oder hoch im Gebüsch, meist gut versteckt. Bei der Fütterung der nicht selten mehr als zehn Jungen helfen oft Artgenossen.

< Haussperling T I–XII

Waldlaubsänger *Phylloscopus sibilatrix*

Familie Zweigsänger *Sylviidae*

TYPISCH Häufig im Buchenwald.
MERKMALE Etwas größer und langflügeliger als Zilpzalp; Kehle und Brust gelb, übrige Unterseite kontrastreich abgesetzt weiß, gelber Überaugenstreif. Im Sommer nach der Mauser deutlich blasser, wie auch manche Jungvögel.
STIMME Bei Erregung häufig ein weiches „düh" oder sanft „witwitwit". Gesang eine abfallende, trillernde Schwirrstrophe, von einigen „sib" eingeleitet, klingt wie „sip-sipsip-sipsirr ...", daneben häufig pfeifend melancholisch „düh düh düh düh".
VORKOMMEN Brütet in nicht zu dichtem Laub- und Mischwald mit spärlichem Unterwuchs, vor allem im Buchenwald, selten in reinem Nadelwald; im Gebirge bis 1500 m Höhe. Bei uns weit verbreitet, nicht selten.
VERHALTEN Lebt unter dem Blätterdach von altem, hochstämmigem Laubwald, auch in Parks; singt meist auf einem exponierten Ast oder in horizontalem Singflug, langsam und mit schwirrenden Flügeln von Ast zu Ast fliegend; oft gut zu beobachten, aber meistens von unten.

NAHRUNG Insekten, deren Entwicklungsstadien, und Spinnen.
BRUT Mai–Juli, 1 Brut, manchmal auch 2 Bruten; fast kugelförmiges „Backöfchennest" aus Gras, Blättern und manchmal Farn, in niedrigem Bewuchs und oft durch altes Laub getarnt.

< Haussperling S IV–IX

Fitis *Phylloscopus trochilus*
Familie Zweigsänger *Sylviidae*

TYPISCH Die weichen, schwermütigen Gesangsstrophen.
MERKMALE Wirkt schlank und zart; vom sehr ähnlichen Zilpzalp am besten durch den Gesang zu unterscheiden; Gefieder insgesamt etwas gelblicher, gelblicher Überaugenstreif etwas deutlicher. Beine in der Regel (aber nicht immer) hellbraun. Jungvögel unterseits einheitlich gelblich.
STIMME Ruft bei Erregung weich und meist deutlich zweisilbig „hü-id". Gesang flötend und schwermütig, eine klangreine, abfallende Strophe wie „titi-dje-djü-düe-düi-dju", im Tonhöhenverlauf ähnlich dem Buchfinkenschlag, aber viel zarter und leiser.
VORKOMMEN Brütet in lichten Laub- und Mischwäldern, in Schonungen, baumbestandenen Feuchtgebieten, Weidengebüsch, an Gewässerufern, in Parks und Gärten mit Birkenbestand. Bei uns überall häufig.
VERHALTEN Hüpft und flattert in dichtem Blattwerk umher, aber nicht so rastlos wie der Zilpzalp. Singt häufig auf freistehenden Ästen oder Spitzen von Jungbäumen, vor allem im Mai.
NAHRUNG Kleine Insekten, Spinnen.
BRUT Mai–Juni, 1–2 Bruten; überdachtes Nest aus Gras und Moos, innen reichlich mit Federn gepolstert („Backöfchennest"), zwischen hohem Gras oder unter tief hängenden Zweigen.

< **Haussperling S IV–X**

Zilpzalp *Phylloscopus collybita*

Familie Zweigsänger *Sylviidae*

TYPISCH Der wie „zilp zalp" klingende Reviergesang.
MERKMALE Sehr ähnlich wie Fitis, wirkt aber weniger schlank; Flügel kürzer, Kopf etwas rundlicher; in der Regel mit dunklen Beinen, Oberseite meist weniger gelb, sondern olivbraun; Unterseite weißlich Oberseite bei Jungvögeln (kleines Foto) mehr braun.
STIMME Ruft bei Erregung einsilbig „hüid", lauter und etwas härter als der Fitis. Gesang monoton und unregelmäßig, klingt wie „zilp zalp zelp zilp zalp", zwischen den Strophen oft ein gedämpftes „trr-trr". Singt häufig auch im Herbst. (Manche Fitisse bringen neben ihrem eigenen Gesang auch den des Zilpzalps.)
VORKOMMEN Brütet in unterholzreichem Laub- und Mischwald, in Auwald und dichtem, hohem Gebüsch, in Parks und Gärten; im Gebirge bis über die Baumgrenze. Bei uns überall häufig.
VERHALTEN Wirkt durch sein rastloses Benehmen und das ständige Flügelzucken hektisch. Singt häufig in Baumkronen, schlägt bei jedem Ton den Schwanz taktmäßig nach unten.
NAHRUNG Kleine Insekten, Spinnen.
BRUT April–Juli, 1–2 Bruten; Backöfchennest ähnlich wie beim Fitis, aber etwas lockerer und mit vielen trockenen Blättern, meist in dichtem, bodennahen Gestrüpp versteckt.

< Haussperling S III–X

Feldschwirl *Locustella naevia*

Familie Zweigsänger *Sylviidae*

TYPISCH Der an die Grüne Laubheuschrecke erinnernde Gesang.
MERKMALE Schlanker, deutlich abgerundeter Schwanz; Oberseite oliv- bis gelblich braun mit dunkler Fleckung, Unterseite weißlich, schwach gestreift. Jungvögel (kleines Foto) mit mehr rötlicher Oberseite. Bestimmung meist nur anhand des Gesangs möglich.
STIMME Ruft bei Erregung „tschek tschek", am Nest scharf „pitt pitt". Gesang weit hörbar, ein gleichmäßiges, mechanisches Schwirren auf derselben Tonhöhe, das leise beginnt und oft minutenlang anhält; nur schwer lokalisierbar. Singt auch nachts.
VORKOMMEN Brütet in dichtem Gebüsch in Sumpfgebieten, in hochgrasigen Feuchtwiesen, Bruch- und Auwäldern, aber auch auf Heideflächen, trockenen Waldlichtungen und sogar in Fichtenschonungen mit hohem Gras. Bei uns weit verbreitet.
VERHALTEN Scheu, lebt versteckt in dichtem Pflanzenwuchs.
NAHRUNG Insekten, Spinnen.
BRUT Mai–Juli, 1–2 Bruten; tiefes Napfnest aus alten Blättern, Gras und Halmen, meist bodennah versteckt.
Der winzige **Cistensänger** *Cisticola juncidis* ist sehr seltener und unregelmäßiger Brutvogel Hollands, Belgiens und der Südschweiz. Gesang: scharf und hoch „dsip dsip ...", oft im Singflug.

< Haussperling S IV–IX

Teichrohrsänger *Acrocephalus scirpaceus*

Familie Zweigsänger *Sylviidae*

Typisch Kommt auch in schmalen Schilfstreifen vor.

Merkmale Sehr ähnlich dem Sumpfrohrsänger, im Feld nur an der Stimme sicher zu erkennen; Schnabel etwas feiner, Stirn flacher, Füße dunkler, Oberseitenfärbung mehr rötlich braun. Jungvögel beider Arten gleich gefärbt.

Stimme Ruft bei Störung hart „kra" oder wetzend „wäd". Gesang ähnlich dem des Drosselrohrsängers, aber leiser, weniger durchdringend, kontinuierlicher und schneller; häufig raue, kratzige und nasale Töne, die 2- bis 3mal wiederholt werden, z. B. „terete-tereschirk-schirk-schirk-zerr-zerr-twi-twi".

Vorkommen Brütet im Schilf und in dichtem Ufergebüsch am Wasser; zur Zugzeit manchmal in wasserfernem Gebüsch. Bei uns weit verbreitet, meist der häufigste Rohrsänger im Schilf.

Nahrung Insekten, Spinnen.

Brut Mai–August, 1 Brut; stabiles, tiefmuldiges Nest zwischen senkrechte Schilfhalme geflochten, meist in 1–1,5 m Höhe gebaut.

Der sehr ähnliche **Sumpfrohrsänger** *Acrocephalus palustris* singt überaus abwechslungsreich mit einer Unmenge an brillant vorgetragenen Imitationen anderer Vogelstimmen. Brütet vor allem in Feuchtgebieten und in Hochstauden an Gewässerufern, aber auch in feuchterem Gebüsch von verwilderten Gärten und Parks.

< Haussperling S V–IX

Gelbspötter *Hippolais icterina*

Familie Zweigsänger *Sylviidae*

Typisch Der laute und raue Gesang mit vielen Imitationen.

Merkmale Gefieder auffallend gelblich; Gestalt rohrsängerartig, langer orangefarbener Schnabel.

Stimme Ruft häufig „dederiod" oder „tetedwi", bei Störung hart „tetete" oder sperlingsartig „err". Gesang ohne deutliche Strophengliederung, Klangfarbe rau, heiser und gequetscht, daneben wohltönende, pfeifende und lang gezogene Laute. Viele Imitationen, z. B. Star, Pirol, Buntspecht; viele Motive werden ein- oder mehrmals wiederholt. Singt meist versteckt in Baumkronen.

Vorkommen Brütet in lichtem Laub- und Mischwald, in Auwäldern, unterholzreichen Parks, Feldgehölzen und Gärten. Bei uns inzwischen selten.

Nahrung Insekten und Spinnen.

Brut Mai–Juli, 1 Brut; sauberes Napfnest aus Halmen, Blättern und Baumrinde, mit Gespinsten fest verfilzt, in Astgabeln von Büschen und Jungbäumen in 1–3 m Höhe.

Der etwas kleinere **Orpheusspötter** *Hippolais polyglotta* (links) hat deutlich kürzere Flügel; Gesang weniger schneidend, mehr kontinuierlich schwätzend, häufig Imitationen von Sperlingen. Brutvogel in der Südschweiz und in Südwestdeutschland.

< Haussperling S V–VII

Mönchsgrasmücke *Sylvia atricapilla*

Familie Zweigsänger *Sylviidae*

TYPISCH Der laut flötende Gesang mit großen Intervallsprüngen.
MERKMALE Gefieder graubraun, im Herbst mehr grau, ♂ mit schwarzer, ♀ (oben links) mit rotbrauner, junge ♂ mit dunkel rotbrauner Kopfkappe.
STIMME ruft bei Störung hart „tak" oder „tzeck", bei starker Erregung schnell gereiht und schnarrend; vor dem Abfliegen oft leise „dididi". Der Gesang beginnt mit leise schwätzendem Vorgesang und geht plötzlich in laute, klare Flötentöne über („Überschlag"); in beiden Gesangsteilen Imitationen anderer Vogelarten möglich; gebietsweise ♂ mit reduziertem Überschlag, klingt wie „diladiladila".
VORKOMMEN Unsere häufigste Grasmücke; brütet in lichten Laub- und Nadelwäldern, Auwäldern, Fichtenschonungen, Parks und Gärten.
VERHALTEN Lebt versteckt in Bäumen und Gebüsch; das ♂ singt meist in dichtem Blattwerk verborgen.

NAHRUNG Insekten, deren Larven, Spinnen; im Herbst auch Beeren.
BRUT Mai–Juli, 1–2 Bruten; zierliches Nest aus Stängeln, Grashalmen und Würzelchen; meist niedrig in dichtem Gebüsch gebaut.
Die etwas größere **Orpheusgrasmücke** *Sylvia hortensis* ist seltener Brutvogel der Südschweiz. Ihr Gesang klingt drosselartig volltönend.

< Haussperling S IV–X

Gartengrasmücke *Sylvia borin*

Familie Zweigsänger *Sylviidae*

Typisch Lebt versteckt, daher nur schwer zu beobachten.
Merkmale Wirkt plump; ohne besondere Kennzeichen; Kopf rundlich, Schnabel relativ kurz; Gefieder oberseits graubräunlich, Unterseite etwas heller, angedeuteter Augenstreif, Jungvögel mit mehr rotbrauner Oberseite.
Stimme Bei Störung anhaltende, taktmäßig wiederholte „wet-wet-wet"-Rufe, daneben ein raues „tscharr" und ein laubsängerartig weiches „uit". Gesang wohltönend und in langen Strophen, anhaltend „plätschernd", erinnert wegen der kräftigen orgelnden Motive an Amselgesang; die Strophen sind in der Tonlage tiefer als die der Mönchsgrasmücke. Imitiert manchmal Stimmen anderer Vogelarten, z. B. den Buchfinkenschlag. Singt bei Beunruhigung leise und gequetscht klingende Strophen.
Vorkommen Brütet häufig in dichtem, hohem Gebüsch, im Uferdickicht, an buschreichen Waldrändern, in unterholzreichen Wäldern und Parks; seltener in Gärten als die Mönchsgrasmücke. Im Gebirge bis rund 2000 m Höhe, dort oft in Erlengebüsch.

Nahrung Insekten, Spinnen, im Herbst viele Beeren.
Brut Mai–Juli, 1–2 Bruten; lockeres, unordentliches Nest aus Grashalmen und Würzelchen, oft niedrig in Brennnesseldickicht oder Brombeergestrüpp.

< Haussperling S V–IX

Klappergrasmücke *Sylvia curruca*

Familie Zweigsänger *Sylviidae*

Typisch Der klappernde Gesang.
Merkmale Kleinste heimische Grasmücke; aus der Nähe erkennt man die von der weißen Kehle scharf abgesetzten, maskenhaft schwärzlichen Wangen und den relativ kurzen Schwanz; Flügel ohne Rotbraun (vgl. Dorngrasmücke).
Stimme Ruft oft „tjäck", bei Störung ein unregelmäßig wiederholtes „tack", bei Auftauchen eines Flugfeindes kurz „wäd". Gesang aus zwei Teilen: Auf einen leisen, eilig schwätzenden Vorgesang folgt ein laut schmetterndes Klappern auf gleicher Tonhöhe. Der Vorgesang ist nur aus der Nähe zu hören, er beginnt sehr hoch.

Vorkommen Brütet in halb offener Landschaft mit dichtem Buschwerk, an Waldrändern, in Fichten- und Kiefernschonungen, in Parks und Gärten, im Gebirge bis zur oberen Latschenregion. Bei uns weit verbreitet, meist selten.
Verhalten Wenig auffällig, lebt versteckt; der Flug wirkt ruckartig und huschend. Singt häufig in kurzen Pausen während der Insektensuche oder von einer Warte aus, gelegentlich auch in kurzem, horizontal verlaufendem Singflug.
Nahrung Insekten und Spinnen, im Herbst auch Beeren.
Brut Mai–Juli, 1 Brut; zierliches, flaches Nest aus feinen Reisern, trockenem Gras und Würzelchen, in 0,5–1 m Höhe in jungem Nadelbaum.

< Haussperling S IV–X

Wintergoldhähnchen *Regulus regulus*

Familie Goldhähnchen *Regulidae*

Typisch Neben Sommergoldhähnchen kleinste Vogelart Europas.
Merkmale Oberseite olivgrün; Scheitel beim ♂ (kl. Foto) leuchtend gelb mit einigen (oft verborgenen) orangeroten Federn in der Mitte, beim ♀ (oben) einheitlich und heller gelb; kein Augen- oder Überaugenstreif. Jungvögel ohne die gelb-schwarze Scheitelzeichnung.
Stimme Ruft häufig sehr hoch und fein, aber durchdringend „sri-sri-sri-sri". Gesang aus kurzen, sehr hohen und dünnen Strophen, im Gegensatz zur Zwillingsart Strophen ohne Crescendo, sondern auf- und abschwingend und mit einem deutlich abgesetzten, etwas tieferen Schlussteil.
Vorkommen Brütet in dichtem Nadelwald oder in Nadelbäumen, die in Mischwäldern, Parks und Gärten stehen; während des Zuges auch in dichtem Gebüsch und in Laubbäumen. Bei uns weit verbreitet, häufig.
Verhalten Turnt bei der Nahrungssuche mehr an der Unterseite der Zweige als die Zwillingsart. Gesellig, außerhalb der Brutzeit oft mit Tannen- und Haubenmeisen in gemischten Trupps.
Nahrung Kleinste Insekten, deren Entwicklungsstadien, Spinnen.
Brut April–Juni, 2 Bruten; dickwandiges Napfnest, ähnlich dem des Sommergoldhähnchens in die Astgabel eines Nadelbaumes gebaut.

< Haussperling T I–XII

Sommergoldhähnchen *Regulus ignicapillus*

Familie Goldhähnchen *Regulidae*

Typisch Der schwarze Augenstreif und der weißliche Überaugenstreif; insgesamt lebhaftere Färbung als das Wintergoldhähnchen, sehr klein.
Merkmale Oberseite leuchtend gelblich grün, Unterseite heller als beim Wintergoldhähnchen. Scheitel beim ♂ (kleines Foto) orangerot, beim ♀ gelb. Jungvögel ohne „Krönchen", aber mit dunklem Augenstreif.
Stimme Ruft sehr hoch und scharf „sisisi". Gesang eine crescendomäßig anschwellende, aber auf gleicher Tonhöhe bleibende, kurze Strophe aus sehr hohen, dünnen Tönen mit betontem Endteil, klingt wie „sisisisisisirr".

Vorkommen Brütet im Nadelwald, aber nicht so ausschließlich an Koniferen gebunden wie das Wintergoldhähnchen; auch in Friedhöfen, Parks, Gärten und Gebüsch; während des Zuges auch in niedrigen Büschen. Bei uns weit verbreitet und häufig.
Verhalten Lebt verborgen in dichtem Nadelwald, jedoch nicht scheu. Nahrungssuche häufig auf der Oberseite von Zweigen, rüttelt auch vor Zweigspitzen. Wenig gesellig.
Nahrung Kleinste Insekten, deren Entwicklungsstadien, Spinnen.
Brut Mai–Juli, 2 Bruten; dickwandiges, tiefmuldiges Nest aus Moos und Gespinsten, an der Unterseite von Nadelbaumzweigen, meist gut versteckt.

< Haussperling S III–XI

Seidenschwanz *Bombycilla garrulus*

Familie Seidenschwänze *Bombycillidae*

Typisch Die aufrichtbare Federhaube, das seidige Gefieder und die bezeichnenden hohen Rufe.

Merkmale Gefieder sehr bunt, von weitem jedoch einheitlich bräunlich; beim ♂ (oben) sind die roten Hornplättchen auf den Flügeln größer, bei Jungvögeln die gelben Flügelabzeichen weniger markant. Fliegt schnell und zielgerichtet; das Flugbild erinnert an das des Stars, wirkt aber graziler.

Stimme Ruft beim Abflug und im Flug hoch und schwirrend „srii", klingt aus der Nähe viel weicher; die Rufe eines Trupps sind oft recht weit zu hören. Gesang anhaltend sirrend und plaudernd, ähnlich den typischen Flugrufen und mit teilweise quäkenden und geräuschhaften Elementen.

Vorkommen Brütet in der aufgelockerten und unterwuchsreichen Fichtentaiga und in Birkenwäldern Nordskandinaviens und Nordrusslands. Im Winterhalbjahr bei uns fast alljährlich in geringer Zahl zu beobachten; in manchen Jahren jedoch invasionsartige Einflüge nach Mitteleuropa.

Verhalten Sehr gesellig, meist auf beerentragenden Sträuchern und Bäumen, oft in Parks und Anlagen; wenig scheu.

Nahrung Zur Brutzeit überwiegend Insekten; sonst fast ausschließlich Beeren, vor allem Eberesche, Schneeball, Weißdorn, Obst.

~ Star W, D X–IV O

Kleiber *Sitta europaea*

Familie Kleiber *Sittidae*

Typisch Gedrungen und mit kurzem Schwanz; starker, an Spechte erinnernder Schnabel.

Merkmale Oberseite und Scheitel blaugrau, Unterseite rahmgelb, Flanken beim ♂ kastanienbraun und deutlich gegen die Unterseitenfärbung abgesetzt, beim ♀ (oben) nur schwach abgesetzt, heller braun.

Stimme Ruft häufig „twit twit twit", „tui tutui" oder (bei Störung) scharf „titi-tsirr". Gesang weit hörbar, pfeifend und trillernd „wiwiwiwiwiwiwi ...", „tuituituitui ..." oder hoch „trirrr ...".

Vorkommen Brütet vor allem in Laub- und Mischwäldern, in Feldgehölzen, Parks und Gärten; in den Alpen bis in rund 1700 m Höhe. Bei uns weit verbreitet und häufig.

Verhalten Klettert unermüdlich an Stämmen und Ästen, auch an der Unterseite und sogar abwärts mit dem Kopf nach unten. Besucht oft Futterhäuschen in Wald- und Parknähe. Wenig gesellig, auch außerhalb der Brutzeit meist paarweise.

Nahrung Insekten, deren Larven, grobe Samen, Nüsse, Talg.

Brut April–Juni, 1 Brut; Nest aus großen Mengen feiner Rindenstücke (vor allem Kiefernspiegelrinde) und trockenen Blättern; nistet in Spechthöhlen und Nistkästen; zu große Höhleneingänge werden bis auf ein kleines Schlupfloch mit Lehm zugemauert.

~ Haussperling J I–XII

Waldbaumläufer *Certhia familiaris*

Familie Baumläufer *Certhiidae*

TYPISCH Der Gesang, eine zweiteilige, abfallende Tonreihe.
MERKMALE Vom Gartenbaumläufer am besten anhand der Stimme zu unterscheiden; Schnabel meist etwas kürzer und weniger gebogen, der weiße Überaugenstreif ist deutlicher ausgeprägt, der Oberkopf stärker hell gestreift, die Unterseite ist reinweiß, die Oberseite heller, der Bürzel rostbraun.
STIMME Ruft hoch und etwas vibrierend „srii", oft gereiht, bei Gefahr „srii-tsi-tsitsi", im Flug „tititi". Gesangstrophen länger und leiser als beim Gartenbaumläufer, eine abfallende Reihe aus zwei Trillern, von denen der erste sehr hoch beginnt und langsam abfällt, der zweite fast ebenso hoch beginnt, jedoch schneller abfällt.

VORKOMMEN Brütet in größeren Nadelwaldgebieten, aber auch in Mischwald; seltener in Parks und Gärten mit Nadelbaumbestand; in den Alpen bis zur Baumgrenze. Bei uns häufig.
VERHALTEN Streift außerhalb der Brutzeit oft mit Meisentrupps umher.
NAHRUNG Insekten, deren Larven, Spinnen; feine Samen, Talg.
BRUT April–Juli, 1–2 Bruten; Nest aus Reisern, Moos und Halmen hinter abstehender Rinde, in Baumspalten oder in Nistkästen mit seitlichem, schlitzförmigem Einschlupfloch.

< Haussperling J I–XII

Gartenbaumläufer *Certia brachydactyla*

Familie Baumläufer *Certhiidae*

Typisch Der Gesang, eine kurze, ansteigende Strophe.

Merkmale Größe wie Blaumeise, schlank; langer zarter, abwärts gebogener Schnabel, langer Stützschwanz, Gefieder oberseits rindenfarbig graubraun, unterseits weißlich mit bräunlichen Flanken.

Stimme Ruft oft laut und hoch „tüt" oder „tüt tüt tüt", daneben hoch „sri". Gesang: kurze, laute Strophe aus ansteigenden hohen und feinen Pfeiftönen wie „tütütütütiroiti".

Vorkommen Brütet in lichtem Laub- und Mischwald, besonders mit Eichen, Ulmen und Eschen, in Parks und Gärten mit alten Laubbäumen und in Streuobstflächen; in den Alpen oberhalb 800 m Höhe selten, ab 1300 m fehlend. Bei uns weit verbreitet und meist häufig.

Verhalten Klettert bei der Nahrungssuche in kleinen Sprüngen an Baumstämmen hoch, oben angekommen fliegt er zum Fuß eines anderen Baumes. Nicht sehr gesellig, im Winter Schlafgemeinschaften.

Nahrung Kleine Insekten und deren Larven, Spinnen; im Winter auch kleine Samen und Talg an Futterstellen.

Brut April–Juli, 1–2 Bruten; Nest aus Reisern, Halmen und Moos, hinter abstehender Baumrinde, in Baum- und Mauerspalten oder in speziellen Baumläufer-Nistkästen.

< Haussperling J I–XII

Zaunkönig *Troglodytes troglodytes*
Familie Zaunkönige *Troglodytidae*

Typisch Der bei Erregung meist gestelzt gehaltene Schwanz.
Merkmale Winzig und gedrungen, mit kurzem Schwanz.
Stimme Ruft bei Beunruhigung laut und hart „teck teck teck ...", oft auch „tetet te tete ..." oder schnurrend „tserr ...". Die Standortrufe ausgeflogener Jungvögel klingen wie „ziip" und sind schwer zu orten. Gesang laut und schmetternd mit trillernden Abschnitten und am Schluss in Flötentönen ausklingend oder in einem hohen und scharfen Ton endend.
Vorkommen Häufig in Wassernähe; brütet in unterholzreichen Wäldern, in Gebüsch und Gestrüpp; auch in Parks und verwilderten Gärten; in den Alpen bis rund 2000 m Höhe. Weit verbreitet und meist häufig, jedoch große Bestandsschwankungen von Jahr zu Jahr.
Verhalten Sehr lebhaft; huscht häufig wie eine Maus in bodennahem Gestrüpp, verschwindet oft in Schilf- oder

Reisighaufen, im Wurzelwerk einer Uferböschung oder in einem Holzstoß, fliegt geradlinig mit schnellem Flügelschlag. Singt fast das ganze Jahr über.
Nahrung Insekten, deren Larven, kleine Spinnen und Würmer.
Brut April–Juli, 2 Bruten; kugeliges Moosnest mit seitlichem Einschlupf, meist niedrig im Gestrüpp oder in einem Wurzelteller.

< Haussperling J I–XII

Wasseramsel *Cinclus cinclus*
Familie Wasseramseln *Cinclidae*

Typisch Der einzige Singvogel, der schwimmen und tauchen kann.
Merkmale Rundliche, zaunkönigsartige Gestalt mit kurzem Schwanz, Beine und Füße kräftig. Jungvögel (kleines Foto) mit schiefergrauer Oberseite, Kehle und Brust wirken wegen der dunklen Federränder schmutzig weiß.
Stimme Ruft im Flug häufig scharf und kratzend „srit" oder „zit", daneben rau „zerrb". Gesang eine taktmäßig aneinander gereihte, schwätzende Folge von pfeifenden, trillernden, quirlenden, rau zwitschernden und kratzenden Elementen, oft mit Imitationen anderer Vögel; ♀ und ♂ singen, auch im Winter.

Vorkommen Brütet an schnell fließenden, klaren Bächen und Flüssen bis in 2000 m Höhe, in den Alpen und Mittelgebirgen weit verbreitet, sonst selten, im Norden nur sporadisch. Im Winterhalbjahr auch an langsam fließenden Flüssen und an Seeufern.
Verhalten Steht häufig auf einem Stein im Wasser und knickst; fliegt schnell, geradlinig und niedrig über dem Wasser.
Nahrung Vor allem Wasserinsekten und deren Larven; daneben Würmer, kleine Krebstiere und Fischchen.
Brut März–Juli, 2 Bruten; großes, überdachtes Moosnest in der überhängenden Uferböschung, unter Brücken sowie in speziellen Nistkästen.

~ Star J I–XII

Star *Sturnus vulgaris*
Familie Stare *Sturnidae*

Typisch Der wackelnde Gang.
Merkmale Kurzschwänzig und untersetzt, mit langem und spitzem, gelbem Schnabel; im Herbst mit braunem Schnabel und dicht weiß getupft (Perlstar, kleines Foto) durch weiße Federsäume; diese nutzen sich zum Frühjahr hin allmählich ab, so erscheint das grün-violette Prachtkleid. Jungvögel einheitlich graubraun mit heller Kehle, Schnabel dunkel. Im Flug fallen die dreieckigen, spitzen Flügel auf.
Stimme Ruft häufig heiser „rrhää" oder „ärr", schrill „schriin" oder bei Gefahr hart „wätt wätt". Gesang: ein abwechslungsreiches Schwätzen aus pfeifenden, schnalzenden und ratternden Lauten; viele Imitationen anderer Vogelstimmen und Geräusche.
Vorkommen Brütet überall häufig, wo es Bäume mit Naturhöhlen oder Nistkästen gibt; in Laub- und Mischwald, offenem Kulturland, Parks, Gärten. Nur wenige Stare überwintern bei uns (im Tiefland).
Verhalten Sucht in wackelndem Gang und ständig stochernd auf dem Boden nach Nahrung, hüpft nicht. Sehr gesellig, oft in großen Schwärmen.
Nahrung Insekten, Schnecken, Würmer, Obst (Weintrauben), Beeren.
Brut April–Juli, 1–2 Bruten; unordentliches Nest aus Stroh, Stängeln und Blättern in Baumhöhlen, Nistkästen.

< Amsel T, D, (W) II–XII

Amsel *Turdus merula*

Familie Drosseln *Turdidae*

Typisch Sehr häufiger Kulturfolger.
Merkmale Schnabel und Augenring beim ♂ orangegelb, Gefieder glänzend schwarz, beim ♀ (kleines Foto) dunkel graubraun bis schwärzlichbraun mit hellerer, schwach gemusterter Brust. Jungvögel mit mehr rotbraunem Gefieder, Unterseite stärker gemustert.
Stimme Ruft häufig „tix tix“ oder „duk duk“; bei Erregung metallisch „tsink tsink“ und schrilles Zetern. Gesang laut und volltönend, von flötendem und orgelndem Klangcharakter; die relativ langsam vorgetragenen variablen Strophen werden nicht wie bei der Singdrossel wiederholt, sie enden meist mit etwas höheren, gepresst zwitschernden Lauten.

Vorkommen Überall häufig in Wäldern, Gehölzen, Parks und Gärten.
Verhalten Bei der Nahrungssuche meist auf dem Boden hüpfend, hält oft ruckartig an, stelzt den Schwanz und zuckt mit den Flügeln.
Nahrung Regenwürmer, Schnecken, Insekten, Beeren, Früchte, Obst.
Brut März–August, 2–3 Bruten; stabiles Nest meist niedrig in Bäumen, Büschen, Hecken, auch auf Fenstersimsen und Balkonen.

Bezugsart T I–XII

Misteldrossel *Turdus viscivorus*

Familie Drosseln *Turdidae*

TYPISCH Größte Drossel Europas.
MERKMALE Deutlich größer, langflügeliger und langschwänziger als die Singdrossel; Oberseite mehr graubraun, Unterseite gröber gefleckt; Schwanzaußenfedern mit weißlichen Enden. Jungvögel mit dunkel gefleckter und hell gestrichelter Oberseite, Kehle einfarbig weißlich. Im Flug einer Taube ähnlich, rundlicher Bauch und weißliche Unterflügeldecken auffallend; wellenförmige Flugbahn.
STIMME Ruft laut und trocken schnarrend "kerrr", besonders häufig beim Abflug. Gesang an den der Amsel erinnernd, aber von melancholischem Klangcharakter und wenig abwechslungsreich; kurze, flötende Strophen in fast gleichbleibender Tonhöhe vorgetragen.
VORKOMMEN Hochstämmiger Laub- und Nadelwald, Feldgehölze; gebietsweise auch in Parkanlagen; im Gebirge bis zur Baumgrenze. Bei uns weit verbreitet, aber meist deutlich seltener als die Singdrossel.
NAHRUNG Würmer, Schnecken, Insekten, im Herbst auch Beeren (Mistel), Früchte, Obst.
BRUT März–Juni, meist 1 Brut; etwas schlampig wirkendes Nest aus Gras, Wurzeln und Zweigen, mit Erde verfestigt und mit Gräsern ausgepolstert; meist in 2–10 m Höhe in einer Astgabel.

> Amsel **T, W I–XII**

Wacholderdrossel *Turdus pilaris*

Familie Drosseln *Turdidae*

Typisch Die auffallende Färbung.
Merkmale Langflügelig und langschwänzig. Im Flug kontrastiert der schwarze Schwanz mit dem hellgrauen Bürzel und den weißen Unterflügeldecken. Jugendkleid unten.
Stimme Ruft im Flug laut und rau schackernd „schak schak schak" oder, in Nestnähe, „trarrat"; Greifvögel und Krähen werden mit schnarrendem „trrtrrtrrt" verjagt. Gesang nicht sehr laut, schwätzend und gepresst zwitschernd, mit harten und schrillen Lauten durchsetzt; singt oft im Flug.
Vorkommen Brütet in Feldgehölzen, an Waldrändern, in Auwald, lichten Birkenwäldern, in Parks und Gärten mit Bäumen. Bei uns recht häufig, nur im Nordwesten selten oder fehlend.
Verhalten Nahrungssuche am Boden, sitzt meist in aufrechter Haltung; sehr gesellig; in den Brutkolonien greifen die Drosseln Nestfeinde gemeinsam an. Flug wirkt etwas schwerfällig.
Nahrung Würmer, Schnecken, Insekten, Beeren, Früchte, Obst.
Brut April–Juni, 1–2 Bruten; Koloniebrüter. Großes Nest aus Gras, Moos, Wurzeln und kleinen Zweigen, auf Bäumen in Astgabeln oder nahe am Stamm, oft ziemlich ungeschützt.

> **Amsel T I–XII**

Singdrossel *Turdus philomelos*

Familie Drosseln *Turdidae*

Typisch Fliegt aufgeschreckt mit hohen, scharfen „zipp"-Rufen weg.
Merkmale Kleine, oberseits braune Drossel mit großen dunklen Augen; Unterseite mit kleinen dunklen Flecken übersät. Jungvögel oberseits hell gestrichelt. Im Flug fallen die gelblichen Unterflügeldecken auf.
Stimme Zetert erregt amselartig, aber weniger durchdringend „dickdickdickdick ...". Gesang laut und abwechselungsreich, aus 2- bis 3mal wiederholten, klangvollen flötenden und zwitschernden Motiven, z. B. „judit-judit-judit". Oft Imitationen anderer Vogelstimmen, besonders von Watvögeln.
Vorkommen Weit verbreitet und häufig in allen Arten von hochstämmigen Wäldern, vor allem in unterholzreichem, lichtem Mischwald, in Feldgehölzen, Parks und Gärten.
Verhalten Zur Nahrungssuche oft auf Wiesen in Waldrandnähe, rennt ein kurzes Stück und bleibt dann abrupt stehen. Schlägt häufig auf bestimmten Steinen („Drosselschmiede", kl. Foto) Gehäuseschnecken auf. Singt im Frühjahr oft ausdauernd auf Baumspitzen.
Nahrung Schnecken, Würmer, Insekten, im Herbst auch Beeren, Obst.
Brut April–Juli, 2 Bruten; stabiles, wohlgeformtes Nest mit tiefer Mulde, innen mit Holzmulm und Lehm ausgekleidet; oft in Jungfichten versteckt.

< Amsel S III–XI

Rotdrossel *Turdus iliacus*

Familie Drosseln *Turdidae*

Typisch Der Flugruf, ein gedehntes, hohes, etwas rau klingendes „zjieh".
Merkmale Aus der Nähe durch den weißlichen Überaugenstreif, die rotbraunen Flanken und die längsgestreifte (nicht gefleckte) Brust von der etwas größeren und helleren Singdrossel zu unterscheiden. Im Flug fallen die rotbraunen Unterflügeldecken auf.
Stimme Ruft bei Störung gedämpft „djüg", in Nestnähe knatternd „trrt"; neben dem typischen Flugruf auch ein gedämpftes „kök". Gesang eine schnelle, meist melancholisch klingende abfallende Tonreihe wie „trü trü trü trü" oder „tjirre tjerre tjürre tjörre", auf die ein hastiges, gepresstes Zwitschern folgt; der erste (flötende) Teil des Gesangs ist recht variabel.
Vorkommen Brütet in lichten nordischen Nadel- und Birkenwäldern bis zum Tundrarand. Einzelne Paare brüten gelegentlich bei uns. Im Winterhalbjahr in offener Landschaft und aufgelockerten Wäldern, in Parks und Gärten mit beerentragenden Büschen.

Nahrung Würmer, Schnecken, Insekten, auf dem Zug vor allem Beeren (besonders Weintrauben).

< Amsel D, (W) X–III

Grauschnäpper *Muscicapa striata*

Familie Schnäpper *Muscicapidae*

TYPISCH Steht in aufrechter Haltung auf erhöhter Warte und fängt vorbeifliegende Insekten.

MERKMALE Unscheinbar, große dunkle Augen; Oberseite graubraun, Unterseite weißlich, an Kopf und Brust verwaschen längs gestreift. Jungvögel (unten) mit geschuppter Oberseite.

STIMME Ruft bei Beunruhigung kurz „tk", scharf „pst" oder „zek", häufig auch „zi-tk-tk". Gesang wenig eindrucksvoll und selten zu hören: eine hastige Folge von kurzen Einzelelementen und Doppeltönen wie „tsi-tsi-tsi-sri-trü-zr".

VORKOMMEN Brütet in lichtem Laub- und Mischwald, in Feldgehölzen, Parks und Gärten, oft im Siedlungsbereich oder an Einzelgebäuden. Bei uns weit verbreitet, aber meist nicht häufig.

VERHALTEN Wenig gesellig; jagt meist im Baumkronenbereich; kehrt nach einem Jagdflug wieder auf dieselbe Sitzwarte zurück; nach dem Landen und bei Erregung häufig Flügel- und Schwanzzucken. Rüttelt gelegentlich.

NAHRUNG Fliegende Insekten; im Herbst auch Beeren.

BRUT Mai–Juli, 1–2 Bruten; Halbhöhlenbrüter; lockeres Nest aus Moos, Federn und Haaren in Baumhöhlen, Mauerlöchern, unter Dachvorsprüngen, in Spalieren und Halbhöhlen-Nistkästen.

< Haussperling S V–IX

Trauerschnäpper *Ficedula hypoleuca*

Familie Schnäpper *Muscicapidae*

Typisch Zuckt häufig mit Flügeln und Schwanz.

Merkmale ♂ mit tiefschwarzer bis graubrauner Oberseite, deutlichem weißem Flügelfleck und weißem Stirnfleck. Schwarzweiße ♂ bei uns vorwiegend in den Alpen oder als Durchzügler aus nordischen Brutgebieten. ♀ (oben) stets mit graubrauner Oberseite, Unterseite und Flügelfleck schmutzig weiß. ♂ (kleines Foto) im Schlichtkleid wie ♀, aber mit dem weißlichen Stirnfleck.

Stimme Ruft bei Störung häufig scharrf „bit", auch mehrfach gereiht, daneben hart „tk". Gesang auf- und absteigend „wu-ti-wu-ti-wu-ti", erinnert an den des Gartenrotschwanzes.

Vorkommen Brütet in Laub, Misch- und Nadelwald, in Parks und Gärten mit ausreichendem Nisthöhlenangebot; gebietsweise selten.

Verhalten Jagt fliegende Insekten von einer Warte aus, kehrt aber selten zum Ausgangspunkt zurück; nimmt Insekten auch vom Boden auf. Singt meist nur im Mai.

Nahrung Fliegende Insekten; im Herbst auch Beeren.

Brut Mai–Juni, 1 Brut; großes Nest aus Gräsern, Blättern und Moos, in Baumhöhlen oder Nistkästen.

Haussperling S IV–IX

Sprosser *Luscinia luscinia*

Familie Drosseln *Turdidae*

Typisch Gesang weniger abwechslungsreich, langsamer und weniger schmetternd als der der Nachtigall, ohne das „Schluchzen".

Merkmale An Gefiedermerkmalen nur schwer von der Nachtigall zu unterscheiden; von nahem fällt manchmal die leicht dunkel gewölkte Brust, die dunklere, mehr olivbraune Oberseite und der nur schwach rötlich gefärbte Schwanz auf. Jugendkleid rechts.

Stimme Ruft bei Störung ähnlich wie die Nachtigall tief und sonor „karr" oder klar und hell „siih". Gesang ähnlich weit hörbar wie der der Nachtigall, regelmäßig mit eingeflochtenen tonlosen, schnarrenden und rohrsängerartigen Motiven; Imitationen von Singdrossel und Waldschnepfe sind bekannt.

Vorkommen Brütet oft an feuchteren Standorten als die Nachtigall: dichtes Gebüsch an Gewässerufern, Bruchwald mit Erlen-, Birken- und Weidengebüsch. Bei uns nur im Nordosten Brutvogel, in

Schleswig-Holstein beide Zwillingsarten gebietsweise nebeneinander .

Verhalten Ähnlich wie das der Nachtigall, bei Erregung jedoch drehende Schwanzbewegungen.

Nahrung Insekten, Spinnen, Würmer, Schnecken, Beeren.

Brut Mai–Juni, 1 Brut; lockeres Nest, meist in einer Bodensenke unter dichtem Gebüsch gebaut.

> **Haussperling S IV–IX**

Nachtigall *Luscinia megarhynchos*

Familie Drosseln *Turdidae*

Typisch Der stimmungsvolle, laut schmetternde und flötende Gesang.

Merkmale Oberseite bis auf den rötlich braunen Schwanz einfarbig braun, Unterseite etwas heller und ungemustert. Jungvögel (kleines Foto) ähnlich jungen Rotkehlchen, aber größer und mit rötlich braunem Schwanz.

Stimme Ruft ähnlich Fitis „huit", bei Gefahr tief knarrend „karr". Gesang sehr abwechslungsreich und wohlklingend, mit monoton schmetternden und kristallklaren, flötenden Touren; dazwischen tief und hart „tjuck tjuck tjuck ...", grillenartig zirpende Teile und lange crescendoartig anschwellende Touren wie „hü hü hü ..." („Schluchzen").

Vorkommen Brütet im Laub- und Mischwald mit dichtem Unterholz, in Auwäldern, Parks, Friedhöfen und verwilderten Gärten; gebietsweise, vor allem in Süddeutschland, sehr selten oder fehlend.

Verhalten Wenig gesellig; lebt versteckt. Nahrungssuche am Boden; bewegt sich sehr elegant, stelzt häufig den Schwanz. Singt aus dichtem Gebüsch, auch nachts.

Nahrung Insekten, Würmer, Beeren.

Brut Mai–Juni, 1 Brut; lockeres Nest in dichtem Bodenbewuchs.

> **Haussperling S IV–IX**

Gartenrotschwanz *Phoenicurus phoenicurus*

Familie Drosseln *Turdidae*

TYPISCH Zittert in kurzen Abständen mit dem Schwanz.
MERKMALE ♂ im Prachtkleid trotz der Buntheit oft schwer zu entdecken, im Schlichtkleid verwaschene Kopf- und Unterseitenfärbung durch helle Federsäume. ♀ (unten) mit deutlich hellerer Unterseite als Hausrotschwanz-♀, Jungvögel unterseits stark gemustert.
STIMME Ruft bei Störung kurz und gezogen „hüit" oder „hüit-teck-teck". Gesang wohlklingend und wehmütig, beginnt meist mit „hüit trä trä trä", daran schließen sich raue, gequetschte und reine Töne und häufig Imitationen an.
VORKOMMEN In lichtem Laub-, Misch- und Nadelwald, in Parks, Gärten und Obstgärten mit altem Baumbestand, auch in Dörfern und an Stadträndern. Bei uns weit verbreitet, in den letzten Jahren jedoch deutlich seltener geworden.
VERHALTEN Sitzt häufig auf niedrigen Zweigen, fliegt auf den Boden, um Insekten aufzunehmen. Singt schon vor dem Morgengrauen auf Baumspitzen und Antennen.
NAHRUNG Insekten, Spinnen, Beeren.
BRUT Mai–Juli, 2 Bruten; nistet in Baum- und Felshöhlen, Mauernischen, auf Dachbalken und in Nistkästen.

< Haussperling S IV–X

Hausrotschwanz *Phoenicurus ochruros*

Familie Drosseln *Turdidae*

Typisch Sitzt häufig in aufrechter Haltung auf Warten, knickst und zittert ständig mit dem Schwanz.
Merkmale Schlank und hochbeinig, Bürzel und Schwanz rostrot; ♂ an der auffallenden dunklen Färbung und am hellen Flügelfleck schon von weitem leicht erkennbar. ♀ (kleines Foto) graubraun. Jungvögel schwarzbraun.
Stimme Ruft bei Störung hart und kurz „hid-tek-tek", in Nestnähe sehr schnell und tonlos „tektektek". Gesang eine kurze, hastige Strophe aus zwei Teilen, beginnt mit „jirr-titititi", der zweite Teil, ein gepresstes, kratzendes „zchr-chz-tritütitit", erfolgt nach kurzer Pause.
Vorkommen Brütet an Einzelhäusern, in Dörfern und Städten, auch mitten in der Großstadt; ursprünglich Felsbewohner, im Gebirge bis über 3000 m Höhe; weit verbreitet, in der Kulturlandschaft und in Siedlungen häufig.
Verhalten Fliegt zum Erhaschen von Insekten häufig kurz auf den Boden; singt von hohen Warten wie Hausantennen, auch vor Sonnenaufgang.
Nahrung Insekten, Spinnen, Beeren.
Brut April–Juli, 2 Bruten; Nest in Mauerlöchern, Felsspalten, unter Dächern und in Halbhöhlen-Nistkästen.

< Haussperling T III–X

Rotkehlchen *Erithacus rubecula*

Familie Drosseln *Turdidae*

Typisch Die großen dunklen Augen und die orangerote Brust.

Merkmale Rundliche Gestalt, relativ lange Beine; Jungvögel ohne Rot, stark bräunlich gefleckt (kleines Foto).

Stimme Ruft bei Störung scharf „zick", oft in schneller Folge („Schnickern"); ein hohes, durchdringendes „zieh" hört man beim Auftauchen eines Luftfeindes. Der Gesang ist fast das ganze Jahr über zu hören, eine klare, abfallende Tonfolge von feierlichem und melancholischem Klangcharakter; die recht langen Strophen beginnen meist mit hohen, reinen Flötentönen.

Vorkommen Brütet in allen Arten von Wäldern, vor allem in unterholzreichem Laub- und Mischwald, in Parks und Gärten mit Baumbestand oder Gebüsch. Bei uns weit verbreitet.

Verhalten Hält sich zur Nahrungssuche oft am Boden auf, knickst häufig, zuckt mit Flügeln und Schwanz. Wenig scheu, oft sehr neugierig. Singt schon ab März aus der Deckung von Büschen und Bäumen, häufig bis in die späte Dämmerung. Besucht Futterstellen.

Nahrung Insekten, Schnecken, Würmer, Beeren, Früchte.

Brut April–Juli, 2 Bruten; Napfnest aus alten Blättern, Gras und Moos, am Boden in dichtem Bewuchs, in bodennahen Höhlungen oder zwischen Baumwurzeln verborgen.

< Haussperling T I–XII

Heckenbraunelle *Prunella modularis*

Familie Braunellen *Prunellidae*

Typisch Unauffällig, sieht einem Haussperlings-♀ ähnlich, hat aber einen schlanken Schnabel.
Merkmale Kopf und Brust schiefergrau, Flanken dunkel gestrichelt; von nahem sind die braunen Ohrdecken und die rotbraune Iris zu erkennen. Jungvögel mit braungrauem, dunkel geflecktem Oberkopf, unterseits stärker gestrichelt.
Stimme Ruft bei Störung hoch pfeifend und gedehnt „zieh", als Stimmfühlungsruf oft ein hohes, reines „dididi", außerhalb der Brutzeit, vor allem im Herbst, ein hohes, weit hörbares „zihdit" oder „tsitsitsi". Gesang wohlklingend, eine kontinuierliche und eilige Zwitscherfolge von hellem Klangcharakter, leicht auf- und absteigend; Lautstärke und Strophenlänge variieren erheblich; jedes ♂ verfügt über mehrere Strophentypen.
Vorkommen Brütet häufig in Nadel- und Mischwald, in Parks, Friedhöfen und verwilderten Gärten mit dichtem Gebüsch; brütet im Gebirge bis zur Latschenregion.
Verhalten Hüpft oft am Boden in geduckter Haltung, verlässt nur selten die Deckung. Singt häufig auf Spitzen junger Nadelbäume.
Nahrung Insekten, Spinnen, im Winterhalbjahr feine Samen (Mohn).
Brut April–Juli, 2 Bruten; fest gefügtes Moosnest mit einem Unterbau aus Reisern, oft in Jungfichten oder Gebüsch.

~ Haussperling T I–XII

Haussperling *Passer domesticus*

Familie Sperlinge *Passeridae*

Typisch Ein allbekannter Kleinvogel.
Merkmale ♂ (großes Foto) kontrastreich gefärbt mit schwarzem bis zur Vorderbrust reichenden Latz. ♀ (unten) und Jungvögel schlicht graubraun.
Stimme Ruft bei Erregung durchdringend „tetetet" oder „tsched-tsched", im Flug häufig „tschuib" oder „dschlue". Gesang: das allbekannte, rhythmische Tschilpen wie „tschilp tschelp ...".

Vorkommen Überall, wo es Häuser gibt; noch häufiger Kulturfolger in Dörfern, Städten und an Einzelgehöften; auch an manchen Berghütten. Vielfach dramatischer Bestandsrückgang.
Verhalten Sehr gesellig, oft in lärmenden Trupps, die einander ständig verfolgen und dabei tschilpen und zetern; im Gegensatz zum Buchfink auf dem Boden hüpfend; badet gerne im Staub; häufig Gruppenbalz mehrerer ♂ mit hängenden Flügeln und gestelztem Schwanz sowie laut tschilpend.
Nahrung Insekten, deren Larven, Samen, Früchte, Beeren, Knospen, Getreide, Abfälle.
Brut April–August, 2–3 Bruten; wenig sorgfältiges, überdachtes Nest aus Halmen, Stängeln, Papier und Lumpen, meist unter Hausdächern oder in Mauerlöchern.

Bezugsart | I–XII

Feldsperling *Passer montanus*

Familie Sperlinge *Passeridae*

Typisch Im Verhalten viel unauffälliger als der Haussperling.
Merkmale Etwas kleiner und schlanker als der Haussperling, leicht durch den kastanienbraunen Oberkopf und Nacken sowie den schwarzen Ohrfleck und kleineren schwarzen Kehlfleck zu unterscheiden.
Stimme Ruft bei Erregung und im Flug hart „tek tek tek", oft auch mit „zwit" kombiniert, daneben „dschäd dschäd". Gesang ähnlich dem des Haussperlings. Ein rhythmisches, stammelndes Tschilpen, jedoch geräuschhafter.
Vorkommen Weniger an Siedlungen gebunden als der Haussperling; brütet in offener Kulturlandschaft mit Hecken, Feldgehölzen und Obstgärten; in Parks und an Stadt- und Dorfrändern.
Verhalten Ebenso gesellig wie der Haussperling, aber nicht so lärmend; im Winter häufig an Dorfrändern, besucht Futterhäuschen, aber zurückhaltender als der Haussperling.

Nahrung Insekten, Samen, Früchte, Knospen, Getreide, Abfälle.
Brut April–August, 2–3 Bruten; überdachtes Nest aus Halmen und Stängeln, innen mit Federn gepolstert, in Baumhöhlen, Nistkästen und sogar in alten Uferschwalbenröhren.

< Haussperling T I–XII

Gebirgsstelze *Motacilla cinerea*

Familie Pieper und Stelzen *Motacillidae*

Typisch Wippt fast ständig mit dem sehr langen Schwanz.

Merkmale Von der ebenfalls unterseits gelben Schafstelze durch viel längeren Schwanz, einheitlich grauen Rücken und dunklere Flügel unterschieden. ♂ mit schwarzer Kehle; ♂ im Winter, ♀ (kleines Foto) und Jungvögel mit weißlicher Kehle. Im Flug sieht man manchmal den weißen Flügelstreif.

Stimme Ruft scharf und metallisch „ziss-ziss" oder „ziit ziit", bei Störung in Nestnähe schrill „sissiht" oder „sieht zickzick". Gesang: hohe und schrill zwitschernde Strophen aus gereihten, rufähnlichen Elementen wie „ziep ziep ziep", „tze tze tze", „tsit tsit tsit".

Vorkommen Brütet an schnell fließenden Bächen und seichten Flüssen der Gebirge (bis 1900 m Höhe), im Flachland meist an Stauwehren, Brücken und Mühlgräben; außerhalb der Brutzeit auch an Seen und Parkteichen.

Verhalten Flattert häufig von Stein zu Stein, um Insekten zu fangen; fliegt schnell und oft niedrig über dem Fließgewässer. Singt oft im Singflug.

Nahrung Insekten, Spinnen, kleine Würmer und Krebstiere am Wasser.

Brut März–Juli, 2 Bruten; Nest aus Zweigen, Gras und Moos, mit Haaren ausgelegt, in Nischen an Felsen, zwischen Baumwurzeln und unter Brücken; stets in Ufernähe.

> Haussperling T I–XII

Bachstelze *Motacilla alba*

Familie Pieper und Stelzen *Motacillidae*

Typisch Der lange, schwarze Schwanz mit weißen Außenkanten, mit dem der Vogel ständig wippt.

Merkmale Gefieder schwarzweißgrau; lange und schlanke, schwarze Beine. ♀ weniger kontrastreich und mit weniger Schwarz am Oberkopf als ♂. Im Winter mit weißer Kehle und dunklem Brustband. Jungvogel kleines Foto.

Stimme Ruft häufig durchdringend „zick", „zlipp" oder „zilipp", oft mehrfach wiederholt. Gesang hastig zwitschernd aus rufartigen Elementen. Auftauchende Greifvögel werden mit lautem Zwitschern empfangen.

Vorkommen Überall häufig in offenem Kulturland, besonders in Wassernähe; brütet als Kulturfolger in Dörfern, Städten, an Einzelgehöften, in Kiesgruben; außerhalb der Brutzeit oft an Seen und Flüssen, auf Wiesen und Äckern.

Verhalten Läuft mit schnellen Trippelschritten am Boden, macht dabei rhythmische Kopfbewegungen; Nahrungssuche meist auf vegetationsarmem Boden; fängt häufig Insekten in kurzem Jagdflug.

Nahrung Insekten, deren Larven; daneben Spinnen, kleine Würmer .

Brut April–August, 2 Bruten; unordentliches Nest aus Zweigen, Halmen, Blättern und Moos, in Halbhöhlen, auf Dachbalken, an Wehranlagen und in Holzstößen.

> **Haussperling T III–XI**

Buchfink *Fringilla coelebs*

Familie Finkenvögel *Fringillidae*

Typisch Häufigster Fink.
Merkmale Oberkopf beim ♂ (oben) im Prachtkleid leuchtend blaugrau, im Schlichtkleid bräunlich grau; ♀ (unten) oberseits olivbraun, unterseits graubraun. Besonders im Flug sind die leuchtend weißen Flügelabzeichen und die weißen Schwanzkanten auffällig.
Stimme Ruft bei Gefahr laut und kurz „pink", ähnlich wie die Kohlmeise, bei Erregung weich „füid" oder wiederholt „wwrüt" („Regenruf"), beim Auffliegen kurz „jüb". Gesang: eine laut schmetternde, abfallende Strophe mit betontem Schluss „zizizjezja-jzo-ritju-kik", das „kik" – vom Buntspecht imitiert – fehlt regional.

Vorkommen Überall häufig, wo es Bäume gibt, in Wäldern alle Art bis zur Baumgrenze, in Parks und Gärten. Bei uns überwintern fast nur ♂.
Verhalten Nahrungssuche meist am Boden, trippelt mit ruckartigen Kopfbewegungen; außerhalb der Brutzeit oft in großen Schwärmen.
Nahrung Samen, Früchte, Insekten, Spinnen, Sämereien, Getreide.
Brut April–Juli, 2 Bruten; kunstvolles, festes Napfnest, relativ hoch in Bäumen und Büschen.

~ Haussperling T I–XII

Bergfink *Fringilla montifringilla*

Familie Finkenvögel *Fringillidae*

TYPISCH Der weiße Bürzel, beim Auffliegen meist deutlich zu sehen.

MERKMALE Beim ♂ im Prachtkleid (nicht abgebildet) Kopf, Schnabel und Rücken schwarz, Brust und Schultern orangefarben; beim ♂ im Schlichtkleid (oben) schwarze Gefiederpartien bräunlich geschuppt, durch Abnutzung der hellen Federsäume entsteht im Frühjahr allmählich die Schwarzfärbung. ♀ (rechts) mit grauen Wangen, schwärzlich gestreiftem Scheitel und stets braun gemustertem Rücken.

STIMME Ruft auffällig quäkend „dschäe" oder „kwäig", im Flug kurz „jäk", beim Abflug gereiht. Gesang nicht sehr laut, eine Kombination von grünfinkenartigem Quetschlauten wie „dsäää" und scheppernden Elementen.

VORKOMMEN Häufiger Brutvogel in Fjällbirken- und Nadelwäldern des Nordens; im Winterhalbjahr in oft großen Schwärmen in Buchenwäldern. Parks, Gärten und auf Feldern. Besucht regelmäßig Futterstellen und Futterhäuser.

VERHALTEN Im winterlichen Buchenwald flattern Bergfinken mit halb geöffneten Flügeln im Neuschnee, um so die begehrten Bucheckern freizulegen.

NAHRUNG Insekten und deren Larven, im Winter Bucheckern, grobe Sämereien, Getreide, Nüsse.

~ Haussperling W, D X–IV O

Kernbeißer *Coccothraustes coccothraustes*

Familie Finkenvögel *Fringillidae*

Typisch Gedrungen mit großem Kopf und extrem klobigem Schnabel.
Merkmale Schnabel im Sommer stahlblau, im Winter (oben) hornfarben. ♀ (unten Prachtkleid), blasser gefärbt. Jungvögel bräunlich mit starker Musterung. Im Flug an der dicken Gestalt und den teilweise hell durchscheinenden Flügeln, beim Auffliegen am weißen Schwanzende zu erkennen.

Stimme Ruft schrill und scharf „zicks" oder „zieck", „zittit" oder hoch „jickz". Gesang selten zu hören, eine klirrende und holprige Aneinanderreihung von variierten Rufen und nasalen Lauten.
Vorkommen Brütet in Laub- und Mischwald, besonders mit Buche und Ahorn, in Parks und Gärten mit hohen Laubbäumen. Bei uns weit verbreitet.
Verhalten Ziemlich scheu; hält sich im Sommer meist in Baumkronen auf; besucht im Winter Futterhäuschen. Flug schnell und geradlinig in weiten Bögen und meist in Baumkronenhöhe.
Nahrung Samen von Laubbäumen, besonders Hainbuche, Ahorn; Kerne von Steinobst; Knospen, Insekten.
Brut April–Juni, 1–2 Bruten; umfangreiches Nest aus Zweigen, Wurzeln und Halmen, meist hoch in Laubbäumen.

> **Haussperling T I–XII**

Gimpel *Pyrrhula pyrrhula*

Familie Finkenvögel *Fringillidae*

Typisch Die leuchtend rosenrote Unterseite des ♂ (oben).
Merkmale Wirkt gedrungen und plump, kräftiger, hoher schwarzer Kegelschnabel. ♀ (kleines Foto) mit bräunlich grauer Unterseite. Jungvögel bräunlich, keine schwarze Kopfkappe. Im Flug fällt der weiße Bürzel auf.
Stimme Ruft sanft und weich, etwas abfallend „djü" oder „düp", leicht nachzupfeifen; beim Abflug leise „büt büt". Gesang: ein zartes, pfeifendes und zwitscherndes Geplauder mit eingestreuten Lockrufen und gepressten Tönen. Käfigvögel lernen Lieder nachzupfeifen.
Vorkommen Brütet in Nadel- und Mischwald, in Fichtenschonungen, an Waldrändern, in Parks, Gärten und Friedhöfen mit viel Gebüsch.
Verhalten Wenig scheu, lebt in der Regel paarweise; außerhalb der Brutzeit meist mehrere Paare in kleinen Trupps; sitzen im Winter oft dick aufgeplustert in beerentragenden Sträuchern; häufig an Futterhäuschen.
Nahrung Samen und Knospen von Bäumen und Kräutern; Beeren, Früchte, auch Insekten. und Spinnen.
Brut; April–August, 2 Bruten; lockeres Nest in dichtem Gebüsch und jungen Nadelbäumen versteckt.

> **Haussperling T I–XII**

Girlitz *Serinus serinus*

Familie Finkenvögel *Fringillidae*

Typisch Kleinster heimischer Fink, sehr kurzer Kegelschnabel.
Merkmale Gefieder mit viel Gelb (♂), ♀ (kleines Foto) mehr graugrün, unterseits gestreift, Bürzel wie beim ♂ gelb, im Flug oft gut zu erkennen. Jungvögel bräunlich, stark dunkel gestreift, ohne gelben Bürzel.
Stimme Ruft im Flug hoch trillernd „tir-ri", „girr" oder „girlitt", bei Beunruhigung gedehnt „dschäi". Gesang: ein anhaltendes hohes und klirrendes Gezwitscher auf etwa gleicher Tonhöhe.

Vorkommen Brütet in Friedhöfen, Parks, Gärten, Obstgärten und Weinbergen, in lichtem Laub- und Mischwald bis rund 1200 m Höhe. Bei uns im Tiefland weit verbreitet.
Verhalten Flug schnell und leicht bogenförmig. Nahrungssuche häufig am Boden; tritt meist paarweise oder in kleinen Trupps auf. Singt auf Baumspitzen, Telegrafenleitungen oder in fledermausartigem Singflug, wobei der Vogel in weiten Bögen in Baumkronenhöhe fliegt und nach dem Landen intensiv weitersingt.
Nahrung Feine Wildsamen, grüne Pflanzenteile, Insekten.
Brut April–Juli, 2 Bruten; kunstvolles Nest aus Wurzeln, Halmen und Moos mit Federn, Haaren und Pflanzenwolle ausgepolstert; meist halbhoch in Nadelbäumen, Hecken und Büschen.

< Haussperling S III–X

Fichtenkreuzschnabel *Loxia curvirostra*

Familie Finkenvögel *Fringillidae*

TYPISCH Der kräftige Schnabel mit übereinander gekreuzten Spitzen.
MERKMALE Gedrungen und mit dickem Kopf, kurzer, gegabelter Schwanz; ♂ ab dem 2. Lebensjahr (oben) ziegelrot, ♀ (unten) olivgrün mit gelblichem Bürzel. Jungvögel stark gestreift.
STIMME Ruft häufig hart „gip gip gip" oder „klip klip klip", oft auch im Flug, daneben weicher „tjük" oder „tjök". Gesang: viele verschiedene, 2–3 mal wiederholte, laute und klare Elemente, untermischt mit den typischen „gip"-Rufen und mit härteren Lauten.

VORKOMMEN Brütet in Nadelwald, vor allem in Bergfichtenwald bis zur Baumgrenze. Die Vögel vagabundieren auf der Suche nach reifen Fichtenzapfen oft weit umher. Besucht auch Parks und Gärten mit (hohen) Nadelbäumen.
VERHALTEN Gesellig, meist in kleineren bis größeren Trupps; die Vögel klettern papageienartig an Fichtenzapfen. Singt fast zu jeder Jahreszeit.
NAHRUNG Vor allem Fichtensamen, Blüten und Knospen von Laubbäumen.
BRUT Das ganze Jahr über, jedoch meist Dezember–Mai, 1–2 Bruten; stabiles Nest aus Reisern, Moos und Flechten, hoch auf Fichten.

> Haussperling J I–XII

Grünfink *Carduelis chloris*

Familie Finkenvögel *Fringillidae*

Typisch Größter gelbgrüner Fink.
Merkmale Besonders im Flug auffallende gelbe Flügelabzeichen. ♂ im Prachtkleid mit viel Gelb in Flügeln und Schwanz. ♀ (unten) überwiegend graugrün, gelbe Abzeichen an Flügeln und Schwanz weniger deutlich. Jungvögel kräftig dunkel längs gestreift.
Stimme Ruft beim Abfliegen laut und klangvoll „gügügügügüg", bei Störung nasal „diu" oder „dschwuit", bei Auseinandersetzungen schnarrend „tsrr". Gesang aus kanarienartig klingelnden und trillernden Touren, dazwischen an Kleiber erinnernde Pfeiflaute und gedehnte Quetschlaute wie „dejäieh".

Vorkommen Brütet häufig in lichten Mischwäldern, an Waldrändern, in Hecken, Parks, Obstgärten und Alleen, auch in Gärten mitten in der Großstadt. Bei uns einer der häufigsten Brutvögel.
Verhalten Gesellig; besucht oft Futterhäuschen. Singt in fledermausartigem Balzflug mit stark verlangsamten Flügelschlägen.
Nahrung Samen, Knospen, Blüten, Insekten, Sonnenblumenkerne.
Brut April–August, 2–3 Bruten; lockeres Nest meist halbhoch in dichten Büschen und Bäumen, auch in Blumenkästen auf dem Balkon.

~ Haussperling T I–XII

Stieglitz *Carduelis carduelis*

Familie Finkenvögel *Fringillidae*

Typisch Ungewöhnlich bunt.
Merkmale Jungvögel ohne die schwarz-weiß-rote Kopffärbung, aber mit dem typischen gelben Flügelstreif.
Stimme Ruft sehr häufig hoch klingelnd und schnell „didilit“ oder „zidit“, bei Gefahr nasal gezogen „wäii“, bei innerartlichen Auseinandersetzungen schnarrend „tschrrr“. Die klangvollen hohen und eilig vorgetragenen Gesangsstrophen bestehen aus zwitschernden und trillernden Folgen sowie nasalen Elementen und werden meist durch „didilit“-Rufe eingeleitet.
Vorkommen Brütet in Parkanlagen, Obstgärten, Heckenlandschaften, Alleen und Gärten, häufig in Dörfern mit alten Laubbäumen; außerhalb der Brutzeit in offenem Gelände und an Wegrändern; einige Stieglitztrupps überwintern in Mitteleuropa.
Verhalten Sehr gesellig; singt meist hoch auf Bäumen; Nahrungssuche oft in kleinen Trupps auf Wildkräuterflächen mit Disteln und anderen samentragenden Stauden.

Nahrung Samen von Disteln, Löwenzahn und Laubbäumen; während der Brutzeit auch kleine Insekten
Brut Mai–August, 2 Bruten; das ♀ baut ein dickwandiges und verfilztes Nest, meist hoch oben in der Astgabel eines Laubbaumes.

< Haussperling T I–XII

Erlenzeisig *Carduelis spinus*

Familie Finkenvögel *Fringillidae*

Typisch Die wehmütigen Flugrufe.
Merkmale Sehr klein, relativ schlanker, spitzer Schnabel; Gefieder grünlichgelb, Flügel schwarz mit breiter gelber Flügelbinde. ♂ (oben links) mit schwarzer Kopfplatte und kleinem schwarzem Kinnfleck; ♀ (oben rechts) graugrün, stärker gestrichelt und ohne schwarze Kopfplatte. Jungvögel (kl. Foto) oberseits mehr braun, stärker gestrichelt.
Stimme Ruft im Flug oft wehmütig „tüli", „tsie" oder „diäh", Betonung auf der ersten Silbe, häufig auch kurz „tet" oder „tetet". Gesang (auch im Singflug) eilig zwitschernd, oft mit eingeflochtenen „tüli"-Rufen, vielen Imitationen anderer Vogelstimmen und am Ende mit einem gedehnten Quetschlaut.
Vorkommen Brütet in Fichten- und Mischwald, besonders in Bergwäldern bis zur Baumgrenze; im Winterhalbjahr häufig in Parks und Gärten.
Verhalten Turnt bei der Nahrungssuche geschickt auf Erlen und Birken; gesellig, außerhalb der Brutzeit oft in großen Schwärmen; singt bereits ab Ende Januar, oft hoch in Bäumen.
Nahrung Samen von Laub- und Nadelbäumen, Insekten, feine Sämereien, Nüsse, Talg.
Brut April–Juli, 2 Bruten; Nest aus Halmen, Moos und Flechten, meist hoch auf Nadelbäumen.

< Haussperling T I–XII

Bluthänfling *Carduelis cannabina*

Familie Finkenvögel *Fringillidae*

Typisch Die nasalen Rufe.
Merkmale Vorderer Scheitel und Brust beim ♂ im Prachtkleid (oben) leuchtend rot; Schlichtkleid insgesamt blasser, kein Rot am Kopf; ♀ (rechts) stets ohne Rot, streifig und oberseits dunkelbraun, Jungvögel stark gestreift.
Stimme Ruft im Flug nasal stotternd „gegegeg", bei Beunruhigung gedehnt und nasal „düje" oder „glü". Gesang nasal geckernd, aber wohlklingend, beginnt mit einer Serie der typischen Rufe, die in hastige Triller, Pfeiftöne und geräuschhafte Laute übergehen.
Vorkommen Brütet in offener Kulturlandschaft mit Hecken und Gehölzen, in Friedhöfen, Weinbergen, Wacholderheiden, Parks und Gärten, häufig an Dorfrändern, im Gebirge bis zur Baumgrenze. Außerhalb der Brutzeit oft in größeren, dicht zusammenhaltenden Schwärmen in offener Landschaft.
Verhalten Bei der Nahrungssuche weniger agil als Zeisige, pickt Samen vom Boden oder niedrigeren Kräutern.
Nahrung Samen von krautigen Pflanzen und Bäumen, Insekten.
Brut. April–August, 2 Bruten; Nest niedrig in Hecken, Büschen und Jungbäumen; oft mehrere Brutpaare gemeinsam.

< Haussperling T I–XII

Goldammer *Emberiza citrinella*

Familie Ammern *Emberizidae*

Typisch Die auffällige Gelbfärbung des ♂ an Kopf und Unterseite (oben).
Merkmale Schlank und langschwänzig, Bürzel zimtbraun; ♀ (kleines Foto) mit weniger Gelb, auch an Kopf und Kehle dunkel gestreift. Beim Auffliegen weiße Schwanzkanten sichtbar.
Stimme Ruft häufig „zrik“ oder „trs“, beim Abflug trillernd „tirr“. Gesang: eine kurze, melancholische und oft verkürzt vorgetragene Strophe „zizizizizizii-düh“, häufig mit „wie wie wie hab' ich Dich lieb“ wiedergegeben.
Vorkommen Fast überall häufig in abwechslungsreicher Kulturlandschaft mit Hecken, Feldgehölzen, gebüschreichen Waldrändern und in Fichtenschonungen; im Gebirge bis rund 1200 m Höhe; vor allem im Winter auch in Dörfern. In Mitteleuropa starker Rückgang.
Verhalten Zuckt häufig mit dem Schwanz; singt oft auf Buschspitzen, Leitungen und anderen Warten, auch noch im Hochsommer; im Winter in kleinen Trupps.
Nahrung Insekten, Spinnen, Samen, Getreide, grüne Pflanzenteile.
Brut April–Juli, 2 Bruten; Nest meist niedrig im bodennahen Gestrüpp, in kleinen Bäumen, an Weg- und Straßenböschungen.

> Haussperling T I–XII

Rohrammer *Emberiza schoeniclus*

Familie Ammern *Emberizidae*

Typisch In Feuchtgebieten häufig.

Merkmale Beim ♂ im Frühjahr (oben) und Sommer, Kopf, Kinn und Kehle schwarz, Bartstreif und Nackenband weiß, im Winter sind Kopf und Nacken verwaschen bräunlich. ♀ (kleines Foto) und Jungvögel tarnfarben mit auffälligem, weißem Bartstreif.

Stimme Ruft scharf und etwas absteigend „zieh" oder „ziüh", tiefer als der Luftalarmruf von Amsel und Rotkehlchen; daneben oft ein stumpfes „tschö" oder „pse". Gesang: eine kurze, stammelnde, häufig auch verkürzt vorgetragene Strophe wie „zje zje toi ziri", „zip zip tete zink tet" oder „dip dip dip tiö tete". Jedes ♂ bringt nur einen Strophentyp; häufig singen Reviernachbarn unterschiedliche Strophen.

Vorkommen Brütet in Verlandungszonen an Flüssen und Seen mit Schilf- und Seggenbeständen und feuchtem Weidengebüsch, an Parkseen; manchmal auch in Getreidefeldern in einiger Entfernung zum nächsten Gewässer.

Nahrung Insekten, kleine Krebstiere, Schnecken, Grassamen.

Brut Mai–Juli, 2 Bruten; baut ein großes Nest aus Schilfblättern und Halmen, häufig niedrig im Gebüsch auf umgebrochenem Schilf.

~ Haussperling T I–XII

Literatur, Adressen

BARTHEL, P.H. & P. DOUGALIS (2006): Was fleigt denn da? Kosmos, Stuttgart.
BARTHEL, P.H. & A.J. HELBIG (2005): Artenliste der Vögel Deutschlands. Limicola 19: 89-111 (Einbeck).
BAUER, H.G., E. BEZZEL & W. FIEDLER (2005): Das Kompendium der Vögel Mitteleuropas. Alles über Biologie, Gefährdung und Schutz. Aula-Verlag, Wiebelsheim.
BERGMANN, H.-H. & W. ENGLÄNDER (2005): Die Kosmos-Vogelstimmen-DVD. Kosmos, Stuttgart.
BEZZEL, E (1996): Vögel beobachten. BLV-Verlag, München.
BEZZEL, E (2003): Vogelfedern. Federn heimischer Arten bestimmen. BLV-Verlag, München
CHEVEREAU u. a. (2002); Die Kosmos-Vogelstimmen-Edition. Die Vögel Europas und Nordafrikas auf 10 CDs. Kosmos, Stuttgart.
GLUTZ VON BLOTZHEIM, U.N. & K.M. BAUER u.a (Hrsg.) (1966-1997): Handbuch der Vögel Mitteleuropas. 14 Bände. Aula Verlag, Wiesbaden.
JONSSON, L. (1992): Die Vögel Europas und des Mittelmeerraums. Kosmos, Stuttgart.
LIMBRUNNER, A., E. BEZZEL, K. RICHARZ & D. SINGER (2001): Enzyklopädie der Brutvögel Europas. Kosmos, Stuttgart.
MEBS, T. & W. SCHERZINGER (2000): Die Eulen Europas. Kosmos, Stuttgart.
MEBS, T. & D. SCHMIDT (2006): Die Greifvögel Europas, Nordafrikas und Vorderasiens. Kosmos, Stuttgart.
MONING, C. & C. WAGNER (2005): Vögel beobachten in Süddeutschland. Kosmos, Stuttgart.
MONING, C. & F. WEISS, (2006): Vögel beobachten in Norddeutschland. Kosmos, Stuttgart.
POTT, E. (2003): Wer singt denn da? Der Kosmos-Vogelstimmenkurs mit CD. Kosmos, Stuttgart.
RICHARZ, K., E. BEZZEL & M: HORMANN, Hrsg. (2001): Taschenbuch für Vogelschutz. Aula Verlag, Wiesbaden.
ROCHÉ, J. C. & D. SINGER (2006): Die Vögel Mitteleuropas und ihre Stimmen. Bestimmungsbuch und 2 CDs. Kosmos, Stuttgart.
SINGER, D (2002): Welcher Vogel ist das? Kosmos, Stuttgart.
SVENSSON, L., P. J. GRANT, K. MULLARNEY & D: ZETTERSTRÖM (1999): Der neue Kosmos Vogelführer – Alle Arten Europas, Nordafrikas und Vorderasiens. Kosmos, Stuttgart.
SVENSSON, L., P. J. GRANT, K. MULLARNEY & D: ZETTERSTRÖM (2000): Vögel Europas, Nordafrikas und Vorderasiens. Kosmos, Stuttgart.
WASSMANN, R. (1999): Ornithologisches Taschenlexikon. Aula-Verlag, Wiebelsheim

Fachzeitschriften

DER FALKE, Das Journal für Vogelbeobachter. Aula Verlag, Industriepark 3, 56291 Wiebelsheim.
DER FALKE-Taschenkalender für Vogelbeobachter (jedes Jahr neu). Aula-Verlag, Wiebelsheim.
LIMICOLA, Zeitschrift für Feldornithologie. Limicola Verlag, Über dem Salzgraben 11, 37574 Einbeck-Drüber.

Hilfreiche Adressen

Naturschutzbund Deutschland e. V. (NABU), Herbert-Rabius-Str. 26, 53225 Bonn

Landesbund für Vogelschutz in Bayern e. V. (LBV), Eisvogelweg 1, 91161 Hilpoltstein

Hessische Gesellschaft für Ornithologie und Naturschutz e. V. Lindenstr. 5, 61209 Echzell

Ornithologischer Beobachterring Saar, Günter Nicklaus, Allmendstr. 30, 66399 Mandelbachtal-Ormesheim

Ornithologische Gesellschaft in Bayern e. V., Manfred Siering, Gereutplatz 1, 82031 Grünwald

Verein Jordsand zum Schutze der Seevögel und der Natur e. V., Bornkampsweg 35, 22926 Ahrensburg

Verein Sächsischer Ornithologen Postfach 1129, 09331 Hohenstein-Ernstthal

Verein Thüringer Ornithologen e. V. H. Grimm, Große Ache 14 99084 Erfurt

Deutscher Jugendbund für Naturbeobachtung (DJN), Justus-Straudes-Weg 14, 22337 Hamburg

Staatl. Vogelschutzwarte, Bayerisches Landesamt für Umweltschutz, Gsteigstr. 43, 82467 Garmisch-Partenkirchen

Vogelwarte Radolfzell Schlossallee 2, 78315 Radolfzell

Institut für Vogelforschung „Vogelwarte Helgoland", An der Vogelwarte 21, 26386 Wilhelmshaven-Rüstersiel

Vogelwarte Hiddensee Zum Hochland 17, 18565 Kloster, Hiddensee

BirdLife Österreich, Gesellschaft für Vogelkunde, c/o Naturhistorisches Museum, Museumsplatz 1/10/8, A-1070 Wien.

Naturschutzbund Österreich, Museumsplatz 2, A-5020 Salzburg.

Ala – Schweizerische Gesellschaft für Vogelkunde und Vogelschutz, Geschäftsstelle Werner Hollinger, Breitestr. 22, CH-5015 Niedererlinsbach

Register

Mit 224 Farbfotos von Adam (4) 53 u, 55 o, 114 u, 115 u; Angermayer/Schmidt (1) 70 u; Bracht (3) 21 u, 55 u, 71 u; Brandl (4) 19 o, 54 u, 61 u, 77 u; Brossette (3) 14 u, 26 u, 42 u; Castell (2) 80 u, 99 u; Danegger (11) 14 o, 16 o, 18 u, 33 o, 38 o, 39 o, 47 u, 67 o, 71 o, 96 o, 118 o; Delpho (1) 93 u; Diedrich (6) 60 o, 62 o, 84 o, 95 o, 101 o, 109 o; Diemer (1) 36 u; Eichhorn/Zingel (1) 45 o; Fischer (1) 85 u; Fünfstück (2) 75 u, 90 u; Fürst (2) 94 o, 109 u; Fürst/Stahl (4) 43 o, 72 o, 79 o, 92 o; Groß (2) 104 o, u; Grüner (3) 13 u, 16 u, 28 u; Hecker (4) 31 u, 44 u, 47 o, 82 u; Hinz (1) 35 u; Höfer (11) 22 u, 33 u, 48 u, 76 u, 78 o, 83 u, 94 u, 101 u, 113 o, 116 u, 118 u; Hopf (1) 68 u; Hortig (1) 103 u; Juniors/Müller, R. (1) 51 u; Juniors/Rüttinghaus (1) 66 u; Klees (10) 20 o, 23 o, 34 u, 70 o, 79 u, 92 u, 106 u, 107 o, u, 111 u; Layer (5) 44 o, 46 o, 65 o, 69 o, 106 o; Leo (1) 65 u; Limbrunner (16) 25 u, 32 u; 36 o, 39 u, 49 u, 58 o, u, 61 o, 64 u, 74 o, 81 o, 88 o, 91 u, 93 o, 100 u, 102 u; Maier (1) 30 o; Moosrainer (4) 73 u, 81 u, 83 o, 90 o; Nill (1) 30 u; Partsch (4) 20 u, 25 o, 112 o, 123 u; Pott (4) 15 o, 19 u, 40 o, 89 u; Pröhl (1) 67 u; Quedens (4) 28 o, 34 o, 35 o, 86 o; Reinichs (1) 37 o; Rohdich (2) 12 o, 89 o; Schmidt (2) 82 o, 88 u; Schrempp (1) 51 o; Siegel (1) 119 u; Silvestris/Arndt (1) 59 o; Silvestris/Gerlach (1) 97 o; Silvestris/Lane (1) 99 o; Silvestris/Meyers (1) 17 o; Silvestris/Willner (1) 111 o; Singer (1) 18 o; Synatzschke (1) 57 u; Thielscher (3) 17 u, 59 u, 95 u; Vogt (2) 108 u, 120 u; Volmer (3) 12 u, 24 u, 56 u; Walz (3) 13 o, 73 o, 122 o; Weber (1) 75 o; Wendl (14) 29 u, 42 o, 48 o, 50 o, u, 64 o, 66 o, 86 u, 98 u, 103 o, 116 o, 117 o, 119 o, 120 o; Werle, B. (2) 52 u, 97 u; Wernicke (2) 15 u, 22 o; Willner (1) 43 u; Wisniewski 37 u; Wothe (14) 23 u, 27 u, 38 u, 40 u, 45 u, 46 u, 60 u, 62 u, 63 u, 80 o, 85 o, 87 u, 96 u, 123 o; Zeininger (43) 2/3, 21 o, 24 o, 26 o, 27 o, 29 o, 31 o, 32 o, 41 o, u, 49 o, 52 o, 53 o, 54 o, 56 o, 57 o, 63 o, 68 o, 69 u, 72 u, 74 u, 76 o, 77 o, 78 u, 84 u, 87 o, 91 o, 98 o, 100 o, 102 o, 105 o, u, 108 o, 110 o, u, 112 u, 113 u, 114 o, 115 o, 117 u, 121 o, u, 122 u;
2 Farbzeichnungen und 58 SW-Zeichnungen von Steffen Walentowitz.

Das Bild auf den S. 2/3 zeigt einen Kuckuck.

Umschlag von eStudio Calamar unter Verwendung einer Aufnahme von Alfred Limbrunner. Das Bild zeigt einen Buntspecht, die kleinen Fotos einen Star (oben) und einen Kornbeißer (unten). Beide Aufnahmen stammen von Peter Zeininger.

Bibliographische Informationen Der Deutschen Nationalbibliothek

Die Deutsche Bibliothek verzeichnet diese Publikation in der Deutschen Nationalbibliographie; detaillierte bibliographische Daten sind im Internet unter http://dnb.dbb.de abrufbar.

Gedruckt auf chlorfrei gebleichtem Papier.

ISBN-13: 978-3-440-10696-9
ISBN-10 3-440-10696-9
Lektorat: Rainer Gerstle
Produktion: Johannes Geyer
Grundlayout: eStudio Calamar
Printed in Italy / Imprimé en Italie

Vögel in Wald, Park und Garten